奇妙的自然尺度

——观察万物的真实尺寸

[英]卡米拉·德·拉·贝杜瓦耶（Camilla de la Bedoyere） 著
[英]瓦西丽莎·罗曼年科（Vasilisa Romanenko） 绘
马百亮 译

上海科学技术出版社

图书在版编目（CIP）数据
奇妙的自然尺度 ： 观察万物的真实尺寸 / （英）卡
米拉·德·拉·贝杜瓦耶（Camilla de la Bedoyere）著
马百亮译. -- 上海 ： 上海科学技术出版社, 2025. 1.
ISBN 978-7-5478-6945-1
Ⅰ. N49
中国国家版本馆CIP数据核字第2024JY0494号

First published in English under the title: Size Wise
Written by Camilla de la Bedoyere
Illustrated by Vasilisa Romanenko
Edited by Susannah Bailey
Designed by Zoe Bradley
Cover design by Angie Allison

奇妙的自然尺度——观察万物的真实尺寸

［英］卡米拉·德·拉·贝杜瓦耶（Camilla de la Bedoyere） 著
［英］瓦西丽莎·罗曼年科（Vasilisa Romanenko） 绘
马百亮 译

上海世纪出版（集团）有限公司
上 海 科 学 技 术 出 版 社 出版、发行
（上海市闵行区号景路159弄A座9F-10F）
邮政编码201101 www.sstp.cn
上海展强印刷有限公司印刷
开本 889×1194 1/16 印张 5.5
字数 30千字
2025年1月第1版 2025年1月第1次印刷
ISBN 978-7-5478-6945-1 / N · 293
定价：69.90元

目录

引言

地球上的生物有大有小，大的超级大，小的超级小。大小真的很重要。

在这本书里，你可以学到很多关于地球生物的知识，无论其体形是硕大无朋的，还是小巧玲珑的。几乎每一幅美丽的插图都是实物大小，并建立在准确的测量之上的。这意味着你可以真切感受到自然万物那令人惊叹的大小和规模。

在这本书里，你可以看到世界上最大的花朵，可以看到巨型鱿鱼的大眼睛，还可以看到聊狐惊人的大耳朵。将你的手与银背大猩猩强有力的手、鹰鸮和老虎的利爪比较一下，你马上就会对这些动物的力量和强大心生敬畏。你还会看到巨大的蘑菇和比你的脚还大的巨型甲虫。小心那些像怪物一样的蜘蛛和毒蛇，它们真实的面貌可能很吓人。

本书也展示了一些微小生物，你既可以看到它们的真实大小，也可以看到放大以后的样子。通过阅读本书，你可以认识一些肉眼几乎看不到的种子，看到它们精美的图案和形状；你可以跟随我们潜入海底，寻找微小的动物和植物；你还可以挖开土壤，看看潜伏在我们脚下的神奇的微小生物。

除了生物之外，本书还展示了一些我们既熟悉又陌生的东西，比如沙粒和雪花，这两种东西都很常见，但是将它们放大之后，我们可以看到它们那迷人的显微结构。

在阅读过程中，有两个符号需要注意，⊕ 表示所展示的图像比实物放大了，⊖ 表示所展示的图像比实物缩小了。你还会看到将人与自然物进行比较的图片。

现在，让我们一起踏上神奇的探索之旅吧！在这本书里，我们可以了解许多与大小有关的有趣事实。

深海中的巨型鱿鱼

巨型鱿鱼，又名大王酸浆鱿。它的眼睛超级大，是动物王国里所有动物中最大的，连恐龙的眼睛都比不过它。巨型鱿鱼的眼睛直径约为 27 厘米，大致相当于一个足球的大小；相比之下，人眼的直径只有 2.2 厘米左右。

自带发光器

巨型鱿鱼的眼睛不仅巨大，而且有内置的头灯，可以帮助它们在黑暗中看清东西。这些头灯被称为发光器。当它们的眼睛向内聚焦在短腕和触腕正前方的物体上时，发光器就会提供足够的光线，让它们能够看到猎物。

巨大的瞳孔

巨型鱿鱼生活在非常深的海水中，在海面以下约 1 000 米的地方，阳光根本就无法照射到这里。因此，它们需要巨大的瞳孔，以此来帮助自己在黑暗的海洋深处看清东西。与之形成对比的是，人眼最多能看到海面下 500～600 米深处的光。

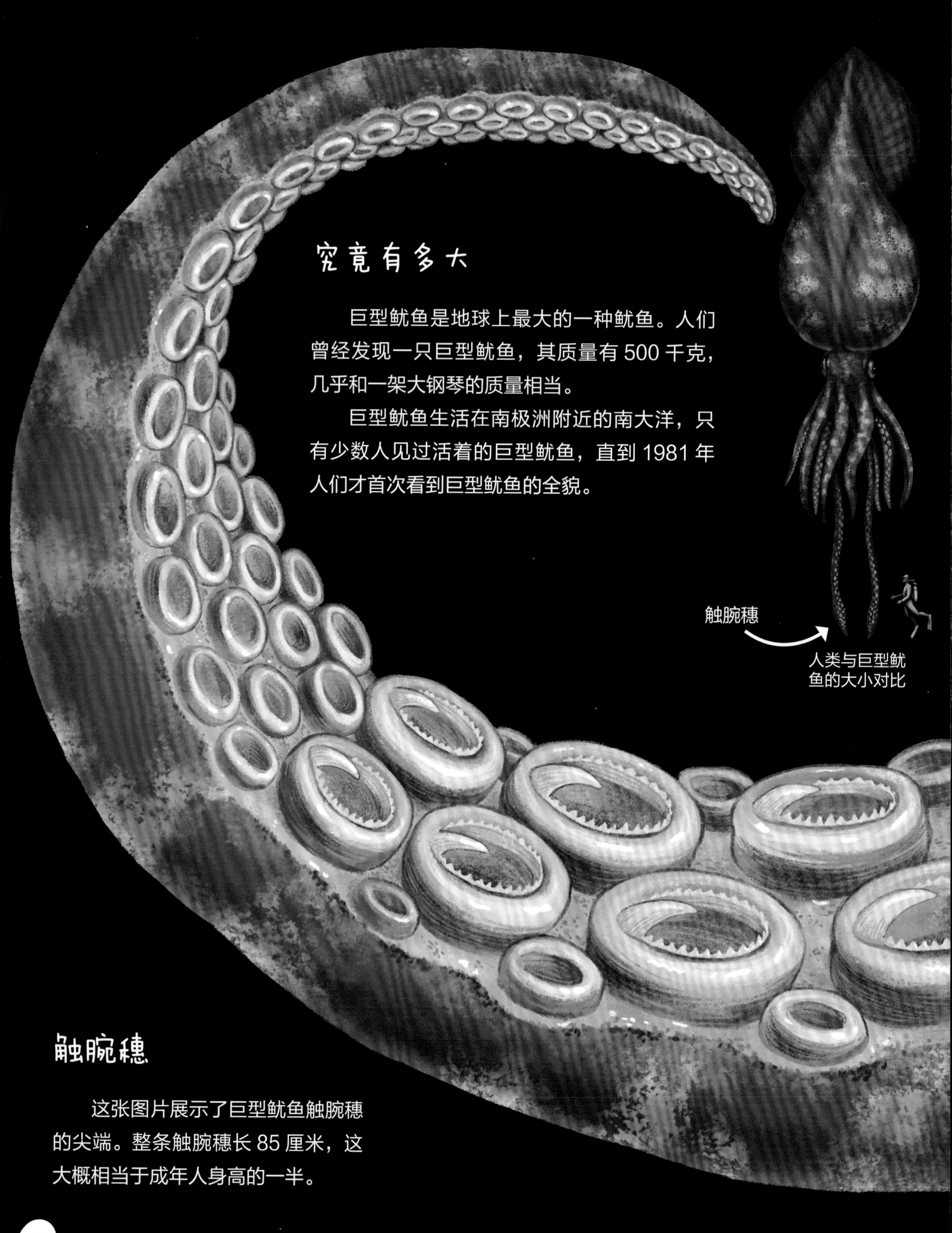

究竟有多大

巨型鱿鱼是地球上最大的一种鱿鱼。人们曾经发现一只巨型鱿鱼，其质量有 500 千克，几乎和一架大钢琴的质量相当。

巨型鱿鱼生活在南极洲附近的南大洋，只有少数人见过活着的巨型鱿鱼，直到 1981 年人们才首次看到巨型鱿鱼的全貌。

触腕穗

这张图片展示了巨型鱿鱼触腕穗的尖端。整条触腕穗长 85 厘米，这大概相当于成年人身高的一半。

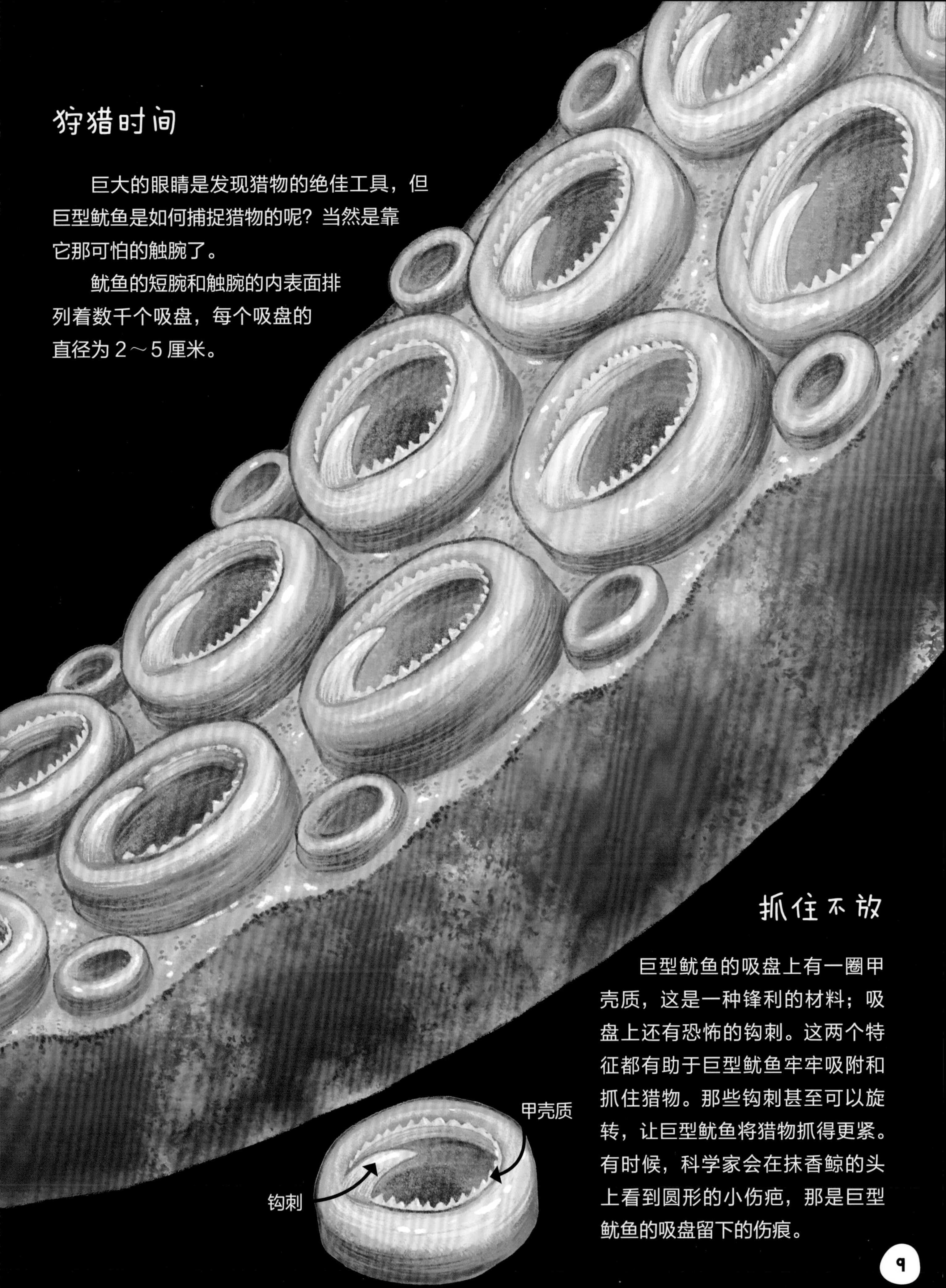

狩猎时间

巨大的眼睛是发现猎物的绝佳工具，但巨型鱿鱼是如何捕捉猎物的呢？当然是靠它那可怕的触腕了。

鱿鱼的短腕和触腕的内表面排列着数千个吸盘，每个吸盘的直径为 2～5 厘米。

抓住不放

巨型鱿鱼的吸盘上有一圈甲壳质，这是一种锋利的材料；吸盘上还有恐怖的钩刺。这两个特征都有助于巨型鱿鱼牢牢吸附和抓住猎物。那些钩刺甚至可以旋转，让巨型鱿鱼将猎物抓得更紧。有时候，科学家会在抹香鲸的头上看到圆形的小伤疤，那是巨型鱿鱼的吸盘留下的伤痕。

像坦克一样的陆龟

巨型陆龟生活在印度洋和太平洋的小岛上。人们认为，很久很久以前，它们的祖先漂洋过海，在没有食物和淡水的情况下在海上坚持了6个月之久，最终到达了这些偏远的地方。

龟类已经在地球上生活了至少 2 亿年。巨型陆龟是龟类中的庞然大物，其体长可达 1.4 米左右，体重可达 300 千克以上，相当于 1 000 多只鹰嘴龟的体重之和，鹰嘴龟是龟类中最小的成员。不管大小和体重如何，它们都像一辆辆天然的装甲坦克。龟类的外壳是由坚硬的骨板和盾片组成的，这就是它们的天然防御工具，能够有效地抵御外部伤害和威胁。当龟类面临危险时，它们就可以躲进这个硬壳内，而不需要通过快速奔跑来逃避危险。

人类与巨型陆龟的大小对比

龟的外壳大部分是骨头，上面覆盖着一层坚硬的盾片。龟壳外形为高高的圆顶状，这让捕食者很难下口

巨型陆龟

巨型陆龟

巨型陆龟的身高可以达到 70 厘米。经过几个世纪的猎杀之后，巨型陆龟现在已经非常罕见了。如果任其在岛上自由生活，它们有可能活到 200 岁以上。

鹰嘴龟

鹰嘴龟

鹰嘴龟是世界上最小的龟，雌性只有 7～8 厘米长。由于它的个头实在太小了，连鸟类都敢对其发起攻击。雄性鹰嘴龟比雌性鹰嘴龟小，体长只有 6 厘米左右。

沙粒的秘密

通常没有人会注意到细小的沙粒，它们的直径从 0.05 毫米到 2 毫米不等。即使你在海边踩到那些沙粒，或者让沙粒从你的指尖滑过时，可能也不会认真地观察它们。

沙粒：
实物大小，2 毫米

沙粒从何而来

沙粒通常由矿物、岩石和土壤的颗粒组成。这些颗粒细小且松散，它们大多是由山上的岩石分解而形成的。要分解这些岩石需要很长的时间，且需要借助水和风的力量。还有一些沙粒来自死亡的生物，流水会慢慢地将生物遗骸的外壳或骨骼磨成细微的沙粒。

放大

如果把沙粒放在高倍显微镜下观看，你会发现它们不再那么单调了，其中可能有珊瑚、贝壳、宝石的碎片，甚至有火山岩碎片。沙粒来自其周围的环境，所以你能看到什么样的沙粒，取决于所在的地点。正如每个海滩都有所差异，所有的沙粒也彼此不同。

在美国夏威夷州毛伊岛的热带海滩上，我们可以看到本页图片展示的沙粒。这里的沙粒源于岩石、珊瑚和贝壳。这里展示的沙粒被显微镜放大了300倍左右。

最小的与最大的恐龙

最古老的恐龙生活在大约 2.45 亿年前，这些陆地爬行动物陆续进化成各种各样的形状和大小。最大的食肉恐龙可能是霸王龙，它们是一种体重可达 7 吨的庞然大物，尽管看上去有些笨重，但是它们能以 40 千米 / 时的惊人速度追捕猎物。最小的恐龙是小巧玲珑的小驰龙，这是一种行动迅速的两足掠食者，体重为 500 克左右。

小巧的小驰龙

小驰龙在分类学上属于阿瓦拉慈龙，它们靠两条又长又强壮的腿奔跑。根据其已知近亲的大小来判断，小驰龙从头到尾的长度只有 40 厘米。

小有小的好处。小型恐龙能够在灌木丛中快速奔跑，躲避捕食者，伏击猎物。

历史之谜

恐龙大约在 6 600 万年前灭绝，所以很难确切地知道它们的样子，以及它们是如何生活的。阿瓦拉慈龙属于迄今为止发现的最神秘的恐龙群体之一。它们非常小，有鸟喙状的嘴和狭窄的头骨，就像现代鸟类一样，但它们的前肢又短又粗，每个前肢末端都有一只独爪。这些爪子可能用来挖出地下的虫子，或用来捕杀猎物。

由于已发现的小驰龙化石很少，人们对它们知之甚少。有人曾经在蒙古国找到一块小驰龙大腿骨化石，它只有5厘米长。

可怕的霸王龙

霸王龙可能是陆地上最大的食肉动物。它们每天要吃大约111千克食物，其体重每星期可以增加大约15千克！它们有13米长，仅头部就有1.5米长。它们有大约50颗牙齿，其中一些牙齿（包括牙根）有香蕉那么大！它们拥有足以咬碎骨头的咬合力，是一种极其可怕的捕猎者。

翻到下一页，
看看霸王龙牙齿的实际大小！

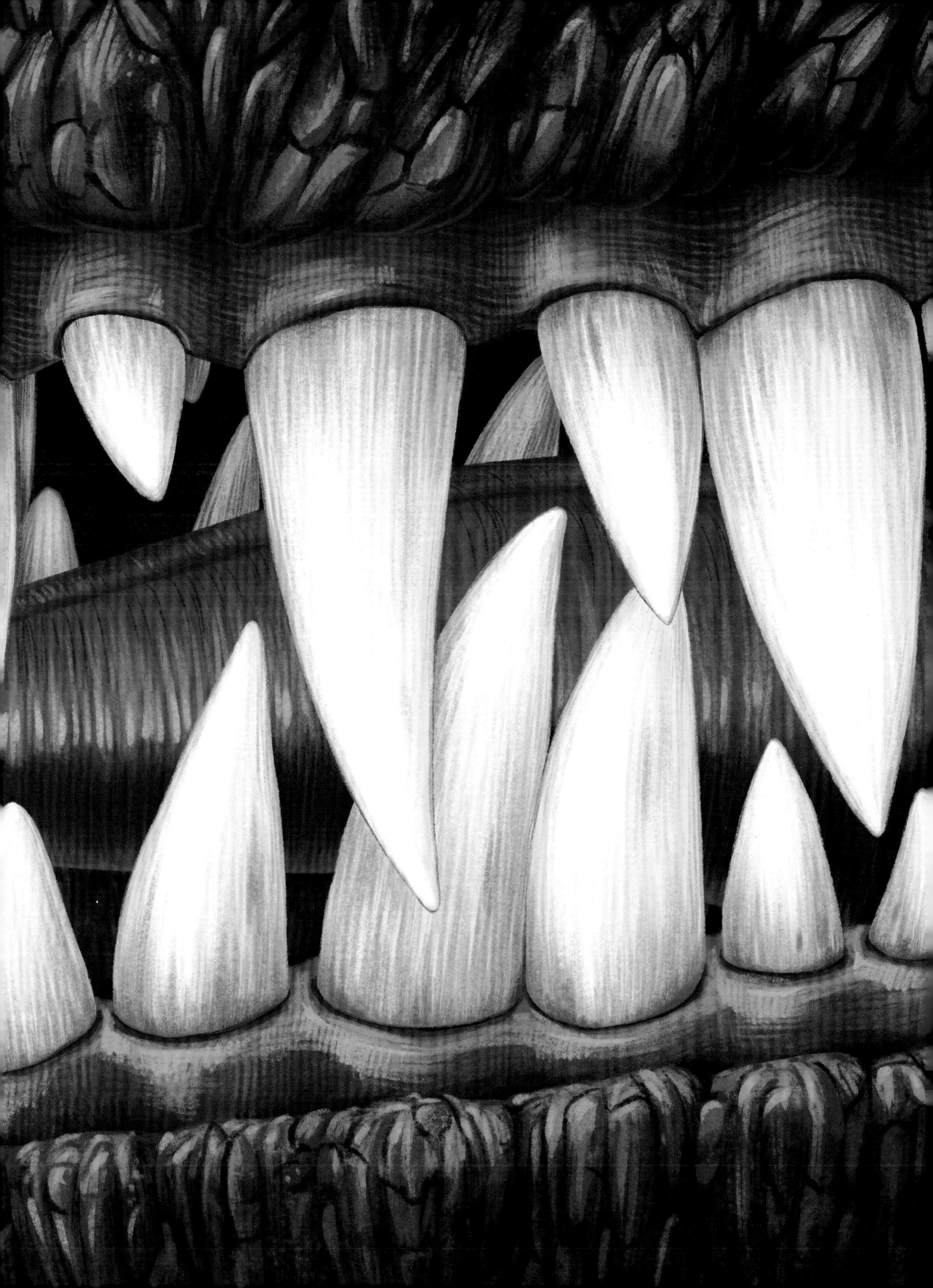

有图案的贝壳

有些动物，尤其是软体动物，会长出坚硬的外壳，以此来保护它们柔软的身体。我们在海滩上发现的贝壳通常是空的——当那些贝类动物死后，它们的空壳就会被冲到岸边。有些贝类动物只有一个壳，有些有两个壳，还有一些自己没有壳，而是暂时使用其他贝类动物的空壳，比如寄居蟹。

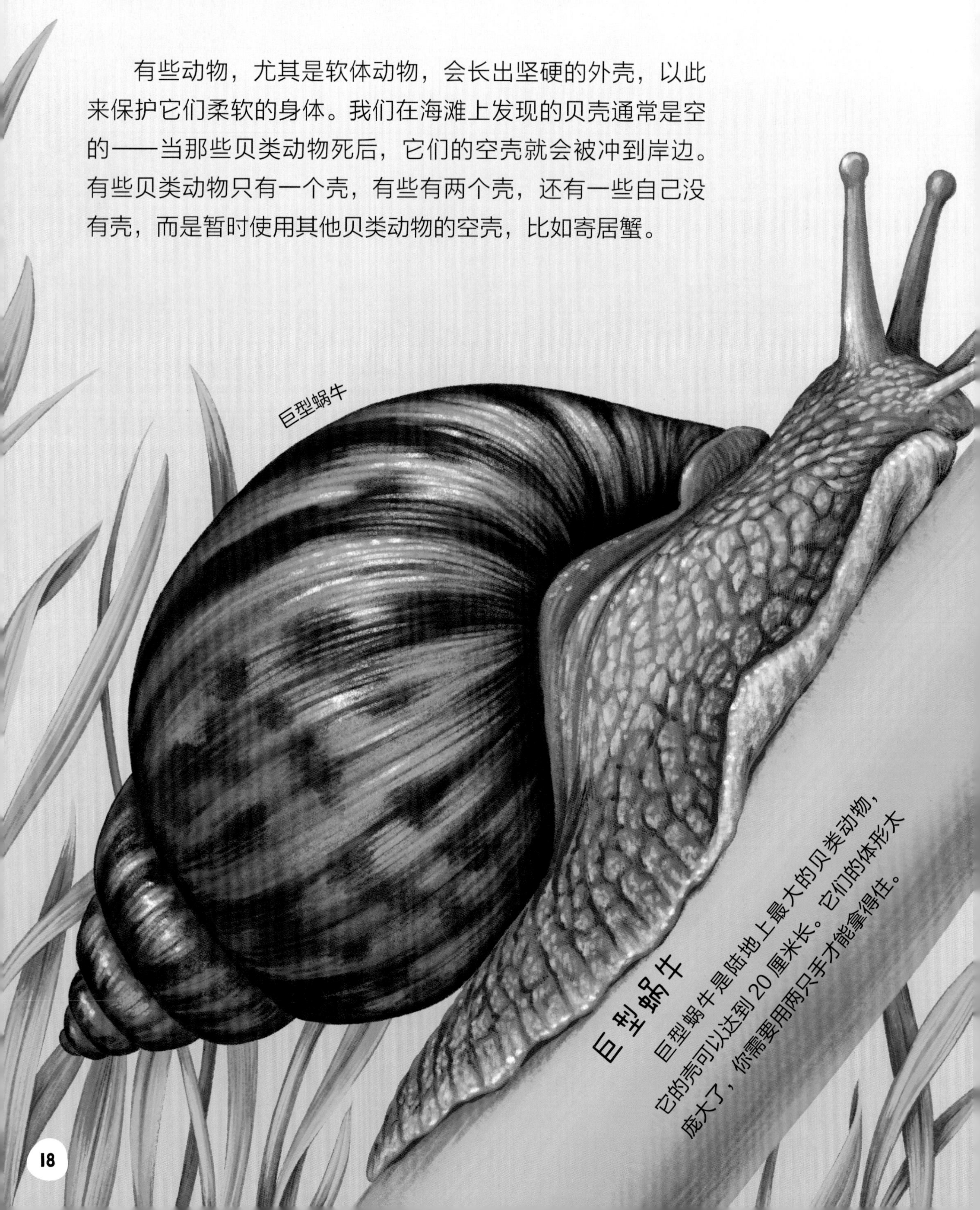

巨型蜗牛

巨型蜗牛是陆地上最大的贝类动物，它的壳可以达到 20 厘米长。它们的体形太庞大了，你需要用两只手才能拿得住。

澳洲圣螺

澳洲圣螺的贝壳是所有海螺中最大的。一个创纪录的澳洲圣螺的体长为 77 厘米，最宽处的周长为 1.1 米，体重达 18 千克。

澳洲圣螺的长度与人类的身高对比

澳洲圣螺的壳（顶部）

豹纹芋螺

豹纹芋螺

豹纹芋螺是最大的芋螺，体长可达 16 厘米。然而，不论大小如何，所有的芋螺都隐藏着致命的秘密：它们都有毒腺，可向猎物（通常是鱼或其他小型海洋生物）释放致命剂量的毒液。有些芋螺的毒液非常强大，可以在几分钟内令人中毒身亡。

海洋中的浮游生物

世界上的五大洋连接在一起，形成一个流动的巨大水域，是宇宙中最大的已知生境，但生活在其中的大多数生物比你的指甲还小。

浮游生物

海洋中最小的一类生物是浮游生物。虽然有许多浮游生物可以移动，但它们都太弱或太小，无法抵抗强大的洋流。浮游生物包括藻类、微生物和一些较大生物的幼体。海洋里有不计其数的浮游生物。它们是许多其他海洋生物的重要食物来源。这里展示的只是其中的一小部分。很多浮游生物都太小了，肉眼根本看不清楚，所以这里展示的部分图像是经过放大处理的。

海蟹幼体

这些小生物看起来像外星生物，它们实际上是海蟹的幼体。

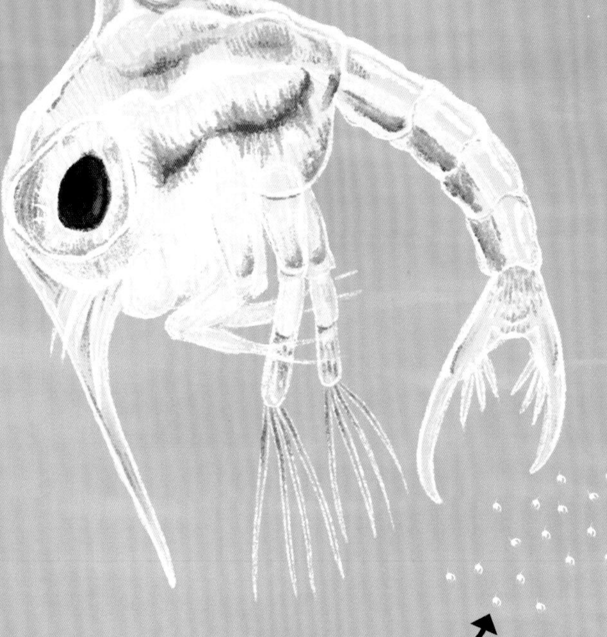

海蟹幼体：
实物大小，1毫米

银币水母：
实物大小，3厘米

银币水母

这些外形独特的生物漂浮在海水中，用触手上的刺细胞捕捉猎物。

南极磷虾

南极磷虾与虾、蟹有亲缘关系，生活在南极洲周围寒冷的南大洋中。包括鲸在内的许多海洋动物都以南极磷虾为食。

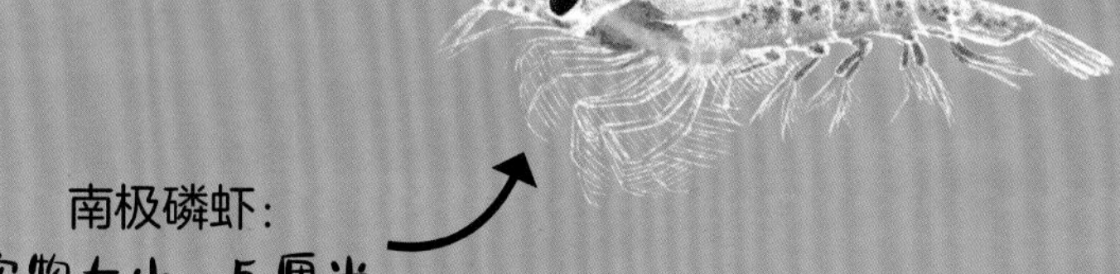

南极磷虾：
实物大小，5厘米

放射虫

大多数放射虫是圆形的。其体表有多个长长的刺，呈放射状向外伸展，这些刺可以帮助它们在水中漂浮。单个放射虫通常是用肉眼看不见的。

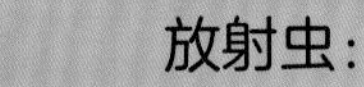

实物大小，1～2毫米

桡足类

桡足类动物很常见，它们占所有浮游动物的70%。它们拥有“T”字形的身体和适宜游泳的附肢。

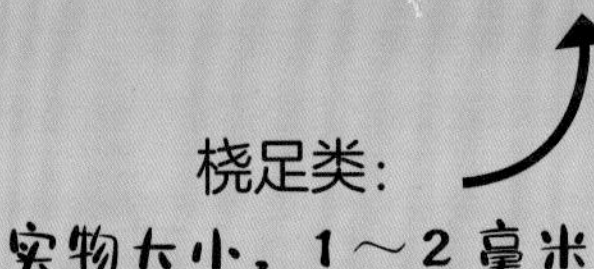

腰鞭毛虫：
实物大小，2毫米

腰鞭毛虫

腰鞭毛虫又名夜光虫，因为它会在夜里发出一种蓝绿色的光。腰鞭毛虫是一种单细胞微生物。它们既具有动物的某些特征：能够利用鞭毛自由运动，也具有植物的某些特征：可以利用阳光、水和空气来制造养分。

绿藻：
难以呈现
实物大小

绿藻

微小的绿藻通常只由一个细胞组成。单个绿藻太小了，根本无法用肉眼看到。不过，它们经常聚集在一起，形成肉眼可见的群体。

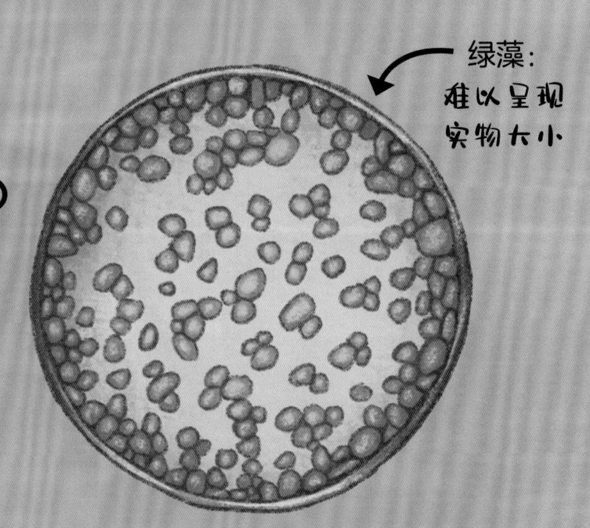

夜间飞翔的猫头鹰

猫头鹰大约有 220 种。世界上最大的猫头鹰是雕鸮，而最小的是姬鸮。猫头鹰是顶级猎手，它们能在几乎完全黑暗的环境中捕猎，悄无声息且出其不意地抓住猎物。当它们朝着猎物俯冲而下时，柔软蓬松的羽毛可以有效降低飞行时产生的噪声。猫头鹰的眼睛朝前，并且比其他鸟类的眼睛大得多，可以“捕捉”更多的光线，使其能够准确地判断距离。

雕鸮

雕鸮

日落之后，雕鸮会栖息在高高的树上或悬崖上。它低沉的“乌胡－乌胡”叫声可以传到很远的地方，它也因此被称为乌胡猫头鹰。雌性雕鸮比雄性雕鸮大，体长可达 75 厘米。雕鸮体重约为 4 千克，翼展约为 2 米，这超过了绝大多数人的身高。

猫头鹰的眼睛实在太大了，根本无法转动，当它想看侧面或后面时，必须把整个头转过去。

夜间捕食者

大多数猫头鹰是夜行性动物，白天栖息在树上。它们的羽毛上有褐色、奶油色和黑色的斑点，这有助于它们进行伪装。猫头鹰主要捕食小动物，如老鼠，但基于它们的体形和力量，雕鸮可以捕捉更大的猎物，包括野兔、狐狸和小鹿。它们甚至会捕猎其他大型鸟类，如鹰和隼。

隐藏的耳朵

猫头鹰的头上长有两簇羽毛，看起来像耳朵一样。那两簇羽毛增加了其身高，但并不是真正的耳朵。猫头鹰的耳朵位于头部两侧，隐藏在羽毛下面。猫头鹰的听力十分敏锐，无论在枝头停留时，还是在空中翱翔时，它们都可以精确地识别小动物在地面上活动的声音。

姬鸮

姬鸮生活在北美洲，它们是已知最小的猫头鹰，你可以很容易地把它们放进口袋里。姬鸮的身高为 12 厘米左右，体重不超过 55 克。由于姬鸮个头太小，仅凭一己之力无法击退鹰、蛇等捕食者，因此有时它们会联合起来，共同抵御攻击者。

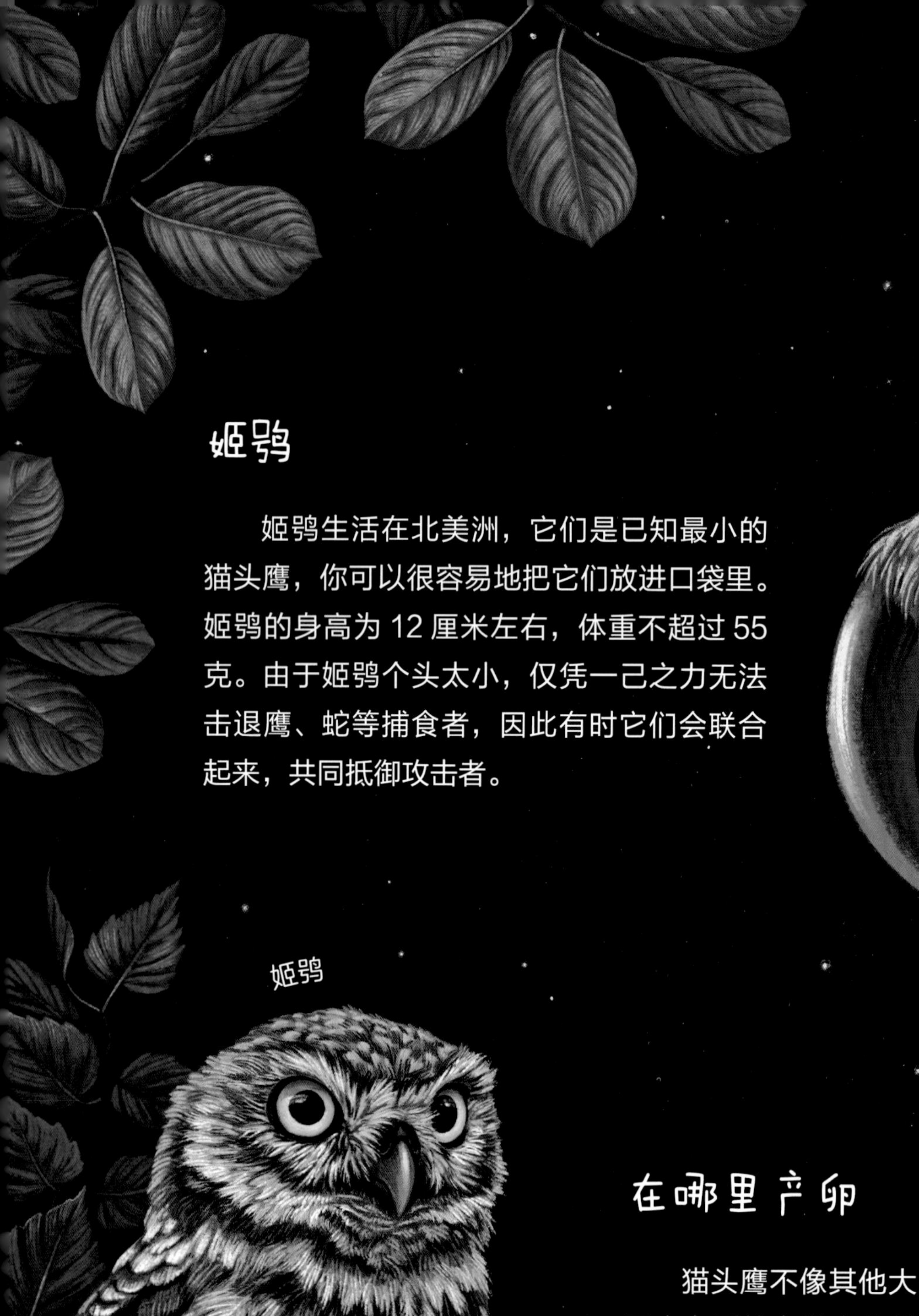

在哪里产卵

猫头鹰不像其他大多数鸟类那样筑巢。它们要么在别的鸟抛弃的巢里产卵，要么在现成的窝（比如树洞）里产卵。姬鸮有时会把卵产在吉拉啄木鸟在仙人掌上啄出的洞里。在仙人掌上的洞里筑巢是明智的，因为这种植物有尖刺，可以防止捕食者接近姬鸮的卵和雏鸟。雕鸮有时会将卵产在悬崖顶上，甚至会产在地上。

锋利的爪子

猫头鹰每只脚上有四个脚趾。当它们飞行时，三个脚趾朝前，一个脚趾朝后。在栖息或捕捉猎物时，猫头鹰的一个脚趾可向后转动，像人类的拇指一样抓握。

雕鸮有巨大的脚，宽度超过 15 厘米，脚上有强壮且锋利的爪子，可以牢牢抓住挣扎的小型哺乳动物。姬鸮大多以昆虫和蝎子为食，它们用脚或喙捕捉猎物，所以它们的脚相对比较弱小，宽度只有 2～3 厘米。

大眼睛的蜻蜓

蜻蜓是一种大型飞虫，它们十分敏捷，以令人难以置信的速度捕食其他昆虫。蜻蜓的眼睛很大，可以帮助它们找到猎物。

澳大利亚巨蜓

澳大利亚巨蜓被认为是现存最大的蜻蜓，其翼展为 16 厘米，体长为 12.5 厘米。

蜻蜓的大眼睛覆盖了头部的大部分区域，使它能看到四面八方。这意味着它在寻找猎物的同时，也能发现身后的捕食者。

巨眼“怪物”

蜻蜓拥有现存昆虫中最大的眼睛，如同佩戴了一副巨大的护目镜。人类的每只眼睛里只有一个晶状体——负责将光线聚焦在眼球内的视网膜上，从而在大脑中形成图像。而蜻蜓的眼睛里有大约 3 万个微型晶状体，这些晶状体一起工作，将捕捉到的图像迅速传递给蜻蜓的视觉神经系统。蜻蜓的大脑则像是一位高超的拼图大师，将这些成千上万的图像碎片快速整合、拼接，形成一幅幅多姿多彩的动态图像。

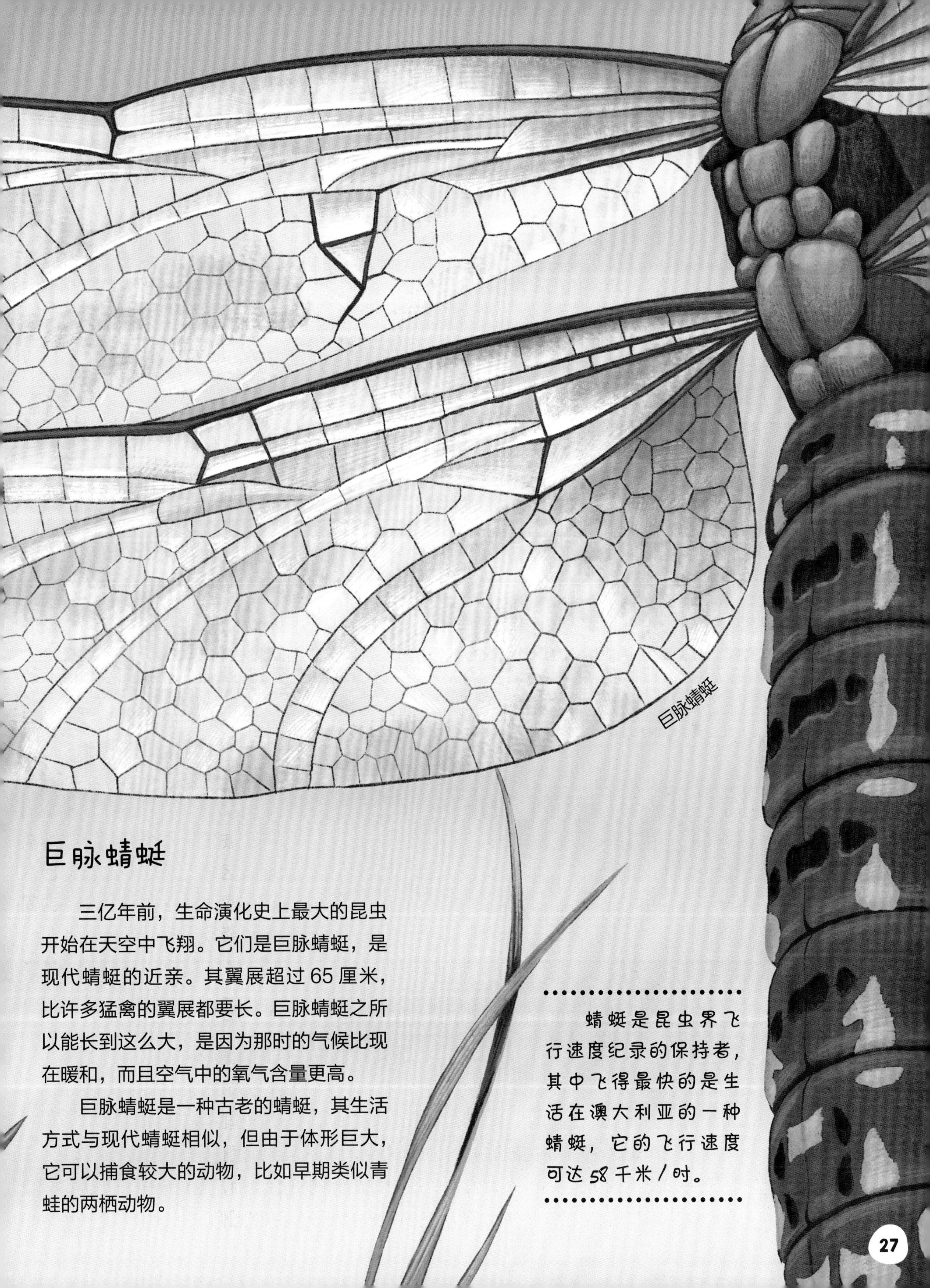

巨脉蜻蜓

三亿年前，生命演化史上最大的昆虫开始在天空中飞翔。它们是巨脉蜻蜓，是现代蜻蜓的近亲。其翼展超过 65 厘米，比许多猛禽的翼展都要长。巨脉蜻蜓之所以能长到这么大，是因为那时的气候比现在暖和，而且空气中的氧气含量更高。

巨脉蜻蜓是一种古老的蜻蜓，其生活方式与现代蜻蜓相似，但由于体形巨大，它可以捕食较大的动物，比如早期类似青蛙的两栖动物。

蜻蜓是昆虫界飞行速度纪录的保持者，其中飞得最快的是生活在澳大利亚的一种蜻蜓，它的飞行速度可达 58 千米/时。

了不起的种子

小小的种子是植物生命的第一个阶段。只要温度适宜，并给予充足的水分、氧气和光照，种子就会生根发芽，不断成长。这里精选了一些非凡种子的照片。有些是被放大的图像，以显示种子复杂的形状和图案。

乳草的种子：实物大小，6～8毫米

种子的旅行

只有当种子能够远离母株，并且不与母株争夺阳光和水分时，它们才能很好地生长。种子传播的方式有很多，比如在水中漂流，在空中飞行，在动物的帮助下旅行，甚至可以从种荚中被弹射出来。

迷你降落伞

一些很小的种子可在空中飞行，这被称为风力传播。有些种子具有特殊的结构，如蒲公英和乳草的种子，可以像降落伞一样，从母株上随风飘走。大多数种子会落在离母株几米远的地方，但有时它们会飞1千米左右，甚至更远。

蒲公英的种子：

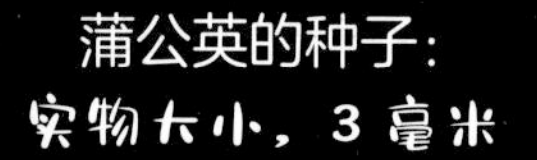

兰花的种子

最小的种子来自兰花——一种开着彩色花朵的热带植物。兰花的种子有一个非常薄的外层（种皮），里面有一个胚。最小的兰花种子只有 0.085 毫米长，最大的也不过 6 毫米长。兰花的种子像灰尘一样飘荡在空中，肉眼难辨。大约 300 万颗兰花种子的质量加起来才 1 克。

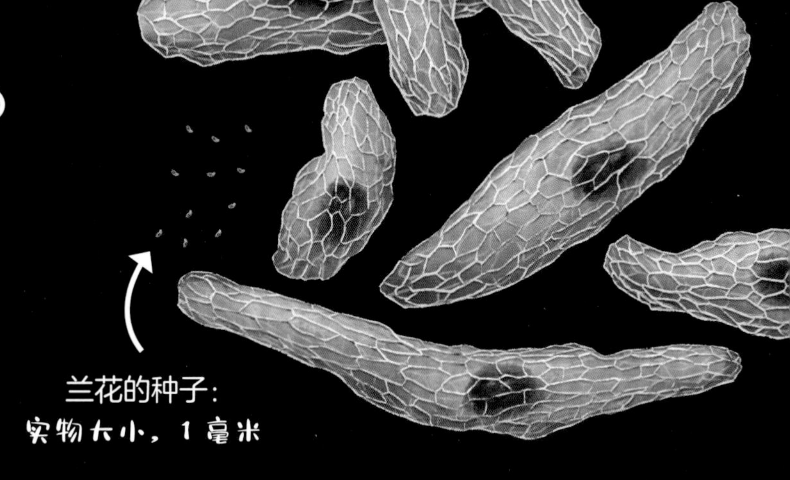

兰花的种子：
实物大小，1 毫米

矢车菊的种子

矢车菊的种子：
实物大小，3～4 毫米

矢车菊的种子顶部有一簇绒毛，可以吸收水分并膨胀。绒毛变干时会收缩。通过不断地膨胀和收缩，这簇绒毛会像扫帚一样，推动种子沿着地面前进。蚂蚁也会帮助矢车菊传播种子，它们会将其种子埋到地下。

野胡萝卜的种子

野胡萝卜的种子呈椭圆形，上面覆盖着微小的钩状尖刺。许多种子上都有钩子，可以让它们附着在路过的动物身上。动物把种子带到其他地方，这些种子在新的家园里生根发芽，茁壮成长。

野胡萝卜的种子：
实物大小，3～4 毫米

虞美人的种子

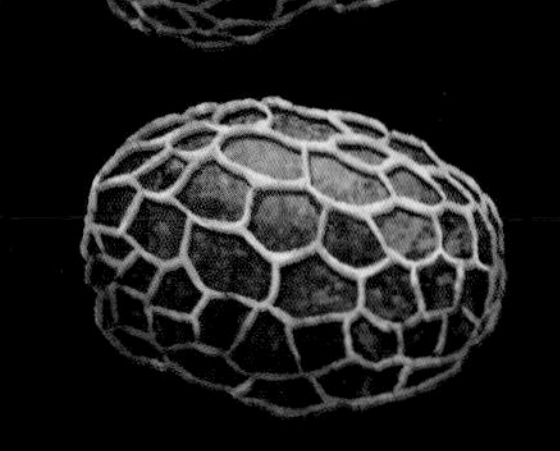

虞美人的种子：
实物大小，1 毫米

像许多利用风进行传播的种子一样，虞美人种子的种皮表面有蜂窝状花纹，从而形成一个个气室。当风把种子从种荚中摇落出来时，这些气室可以帮助种子传播。

世界上最大的花

世界上最小的花是一种生长在池塘里的植物，它比本书中的句号还小。世界上最大的花是大王花，其质量可达 7 千克，直径可达 1 米。它们分布在东南亚的热带雨林中，通常生长在高大树木的斑驳树荫下。

寄生植物

大王花没有根，没有叶，也没有茎，它并不生长在土壤里，而是生长在藤本植物的茎上。这意味着它是一种寄生植物，从藤本植物那里吸取营养，而非自己制造养分。当藤蔓的木质树皮上突然出现一个凸起时，那可能就是大王花开始萌发了，然后它慢慢长大。它正在准备一场爆炸性的亮相，那会让全世界的植物爱好者和相关研究人员兴奋不已。

精彩的绽放

在大约 9 个月的时间里，大王花的花蕾一直保持闭合状态，就像一颗巨大的卷心菜。它在某一天突然绽放了，展开 5 片厚实而富有质感的花瓣，花瓣上长满白色的斑点。花冠中央有一个杯状深洞，洞底长满了尖刺。起初，大王花有淡淡的蘑菇味。4 天后，气味却变得难闻起来，像是腐肉散发出来的臭味。

大王花之所以会有这样的形状和气味，是为了吸引苍蝇前来光顾。苍蝇本来希望找到一个产卵的地方，但是当它们爬进又黑又臭的花心后，就开始被动地给大王花授粉，然后大王花就会孕育出成千上万个小种子。

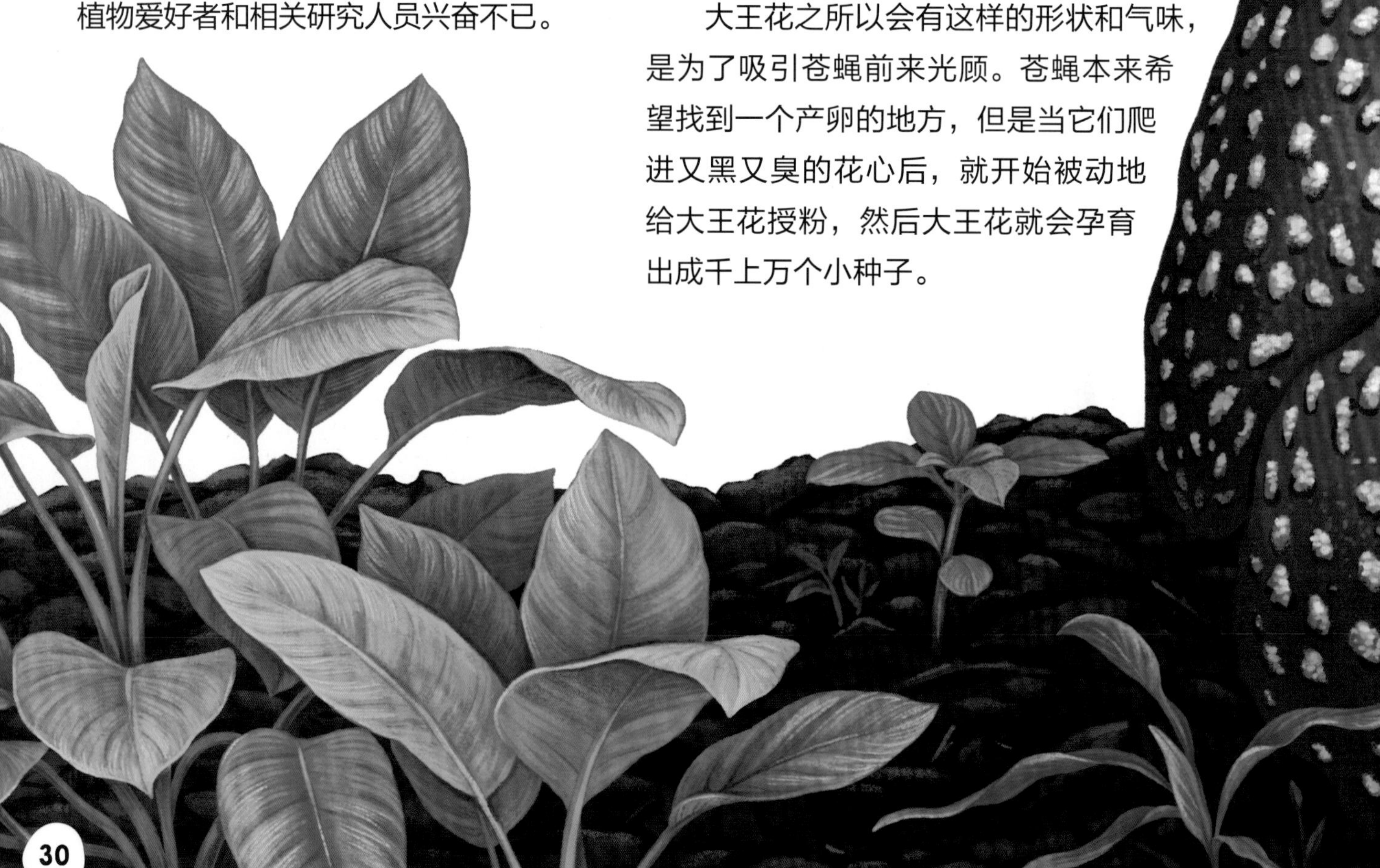

大王花会产生热量，这有助于它们散发刺鼻的臭味，从而吸引苍蝇前来授粉。

雨林巨人

在热带雨林中，许多植物体形庞大。有些植物的叶子长得很大，红毛猩猩常常把这些叶片当伞用。雨林中最高的树有 100 多米高，和摩天大楼一样高。热带雨林中的树木之所以能长这么大，是因为树冠层上方有充足的降雨和阳光，这些都是它们生长所需要的。

大王花的不同寻常之处在于，它生长在阴暗的雨林中，那里几乎没有阳光。然而，它可以源源不断地从宿主——藤本植物那里获得营养，并不断茁壮成长。

翻到下一页，可以看到实物大小的大王花局部。

土壤中的生物

土壤是陆地表面的一层疏松物质，是植物生长的神奇之地，也是无数微小生物生活的地方。土壤由水、空气、有机质和矿物质等组成。这里精选了一些生活在土壤中的生物。

蚯蚓

蚯蚓通常有 5 个心脏，但是没有眼睛。它的皮肤十分敏感，可以感知光线，也可以用来呼吸和感受周围的环境。

伪蝎

伪蝎长得有些像蝎子，它也因此而得名。和蜘蛛、蝎子一样，伪蝎是蛛形纲的一员。最大的伪蝎只有 1 厘米长，不像其他蛛形纲动物，可以达到 30 厘米长。伪蝎有长长的毒钳，可以用来攻击其他土壤生物。

伪蝎：
实物大小，2 毫米

蛞蝓

蛞蝓又名鼻涕虫，通常可以长得很大，比如大灰蛞蝓的体长可达 20 厘米。大灰蛞蝓又名豹纹蛞蝓，因其身上醒目的斑点而得名。蛞蝓是杂食动物，所以什么都吃，包括同类。

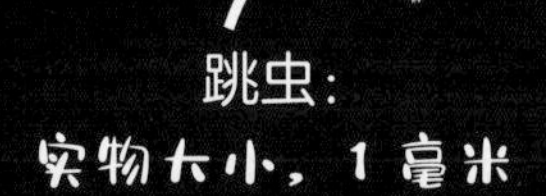

跳虫：
实物大小，1 毫米

跳虫

花园里每立方米的土壤中生活着大约 10 万只跳虫，但这些小虫子很少被注意到，这是因为它们悄无声息，十分神秘。为了躲避麻烦，它们会逃之夭夭，甚至会跳跃到空中。跳虫有着色彩斑斓的圆球状身体，它们有 6 条腿，体长通常不到 1 毫米。

水熊虫

水熊虫体长为 0.3～1.2 毫米，是世界上体积最小、生命力最顽强的动物之一，有着弯曲而锋利的爪子和匕首般的牙齿。水熊虫喜欢潮湿的土壤，它们很小，能挤进两个相互接触的沙粒之间。

水熊虫：
实物大小，1 毫米

多种多样的蛙

蛙类是两栖动物，也是脊椎动物。它们具有光滑湿润的皮肤，通常在水中产卵。大多数蛙类体形较小，你可以很轻松地将它们放在你的手掌上，但非洲巨蛙就不行了，这种看上去有些可怕的动物生活在西非，是世界上个头最大的蛙，其体长比最小的蛙长 40 倍以上，后者大多数生活在美洲。

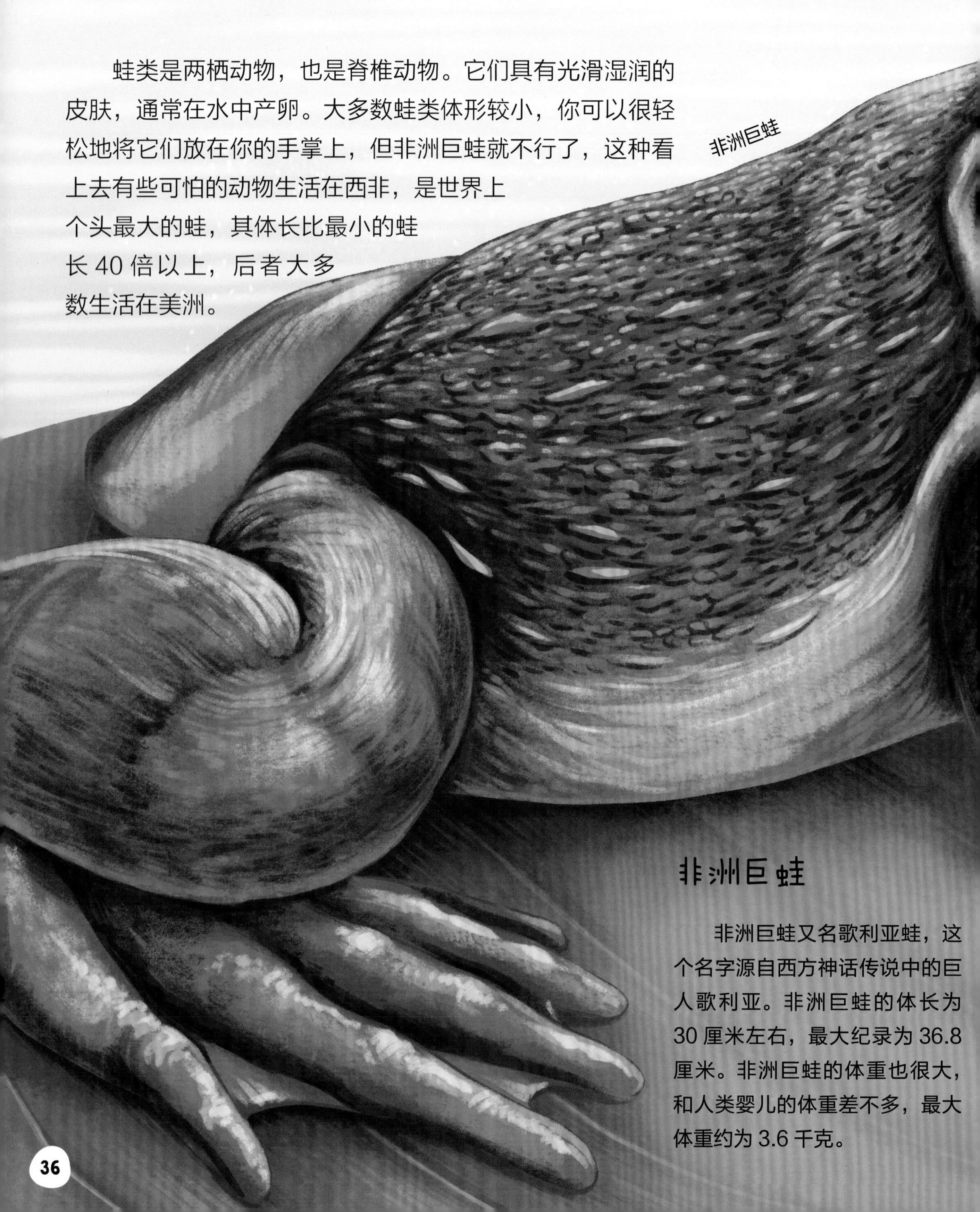

非洲巨蛙

非洲巨蛙又名歌利亚蛙，这个名字源自西方神话传说中的巨人歌利亚。非洲巨蛙的体长为 30 厘米左右，最大纪录为 36.8 厘米。非洲巨蛙的体重也很大，和人类婴儿的体重差不多，最大体重约为 3.6 千克。

箭毒蛙

许多蛙类的皮肤可分泌毒素，这让它们的味道很糟糕，可以避免食肉动物的捕食。在亚马孙雨林里，生活着一种名叫箭毒蛙的小蛙，它们的体长只有 2.5 厘米左右，但身上的毒素十分致命，一滴就足以致人死亡。它们有着非常鲜艳的皮肤，用来警告捕食者不要吃它们。

微型蛙

微型蛙很小，体长不到 1 厘米。大多数微型蛙生活在中美洲和南美洲，如古巴微型蛙和金蛙。世界上最小的蛙是阿马乌童蛙，只有 7 毫米长，很可能是世界上最小的脊椎动物。它们是近年来在巴布亚新几内亚发现的，常常隐藏在森林地面的落叶中。

灵长类动物

灵长类动物包括类人猿（如大猩猩、人类和黑猩猩）、猴子和狐猴。体形最大的灵长类动物是大猩猩，其最大身高为 1.95 米，最大体重为 219 千克。体形最小的灵长类动物是侏儒鼠狐猴，其体重只有 30 克，体长为 6.2 厘米。

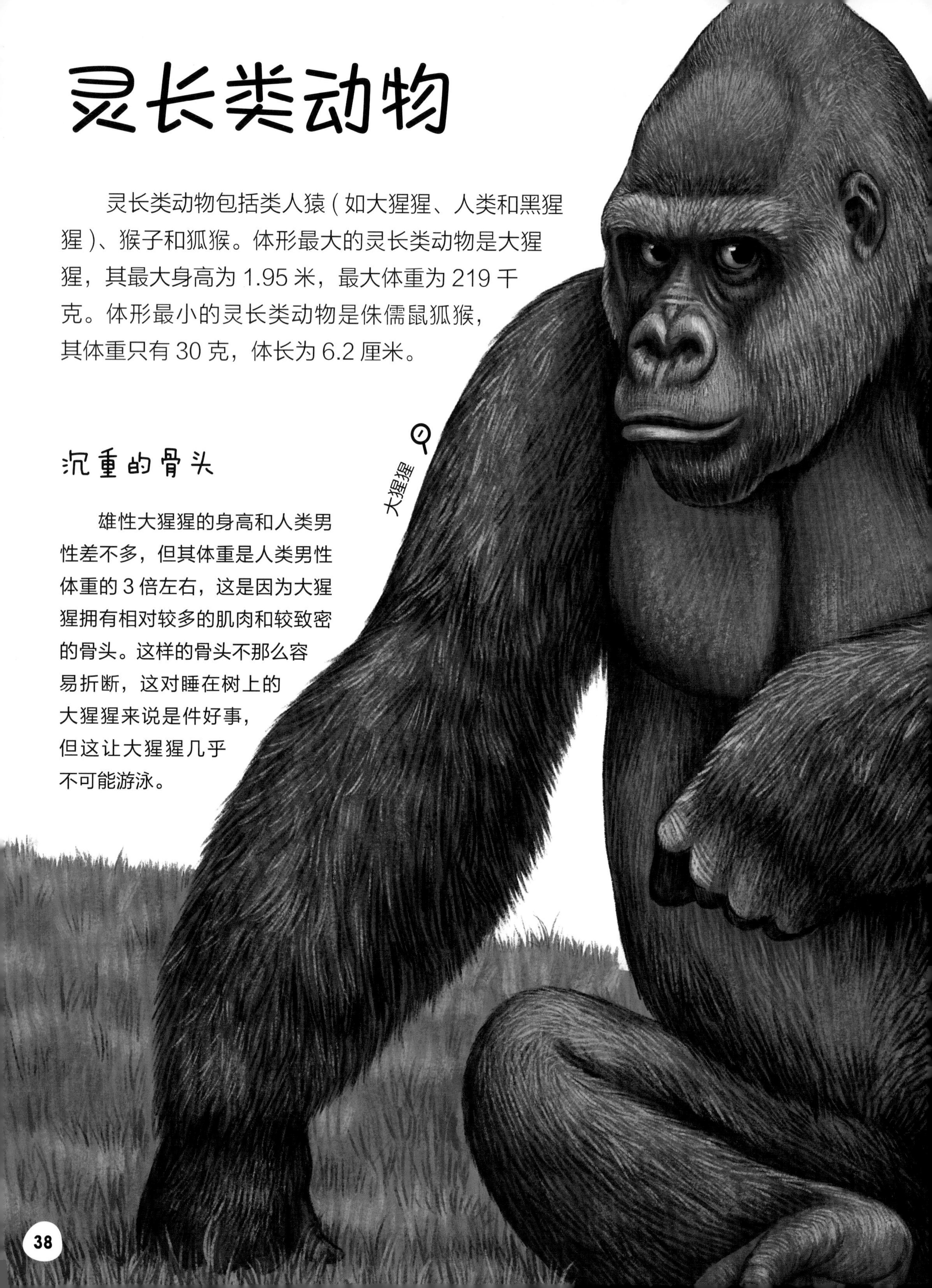

沉重的骨头

雄性大猩猩的身高和人类男性差不多，但其体重是人类男性体重的 3 倍左右，这是因为大猩猩拥有相对较多的肌肉和较致密的骨头。这样的骨头不那么容易折断，这对睡在树上的大猩猩来说是件好事，但这让大猩猩几乎不可能游泳。

大猩猩比人类强壮得多，其臂展约为 2.4 米，最长的纪录是 2.79 米，而人类成年男性的平均臂展约为 1.7 米。

侏儒鼠狐猴

像其他狐猴一样，侏儒鼠狐猴只生活在马达加斯加岛上。它们夜间在森林里穿梭，四肢并用，敏捷地沿着树枝蹦蹦跳跳，很少回到地面上。侏儒鼠狐猴主要以水果和花朵为食，但有时也捕食昆虫。

大猩猩的最大体重与大约 7 300 只侏儒鼠狐猴的体重相当。

侏儒鼠狐猴的尾巴长 13.6 厘米，比身体还要长

灵巧的手

灵长类动物的手看起来与人类非常相似，手指使它们能够抓握东西。比如，侏儒鼠狐猴可以用它纤巧的手抓住树枝，采集食物。雄性大猩猩比雌性大猩猩大得多，它们的手长达 30 厘米，宽达 15 厘米。大猩猩的手指上有和人类一样的扁平指甲，而不是爪子。大猩猩用手行走或抓握。虽然大猩猩可以只靠两只脚行走，但它们通常使用四肢，并且不是以手掌触地，而是松握其拳，以指关节背侧面着地，这种行走方式被称为指关节着地走。

翻到下一页，看看大猩猩真实尺寸的大手吧！

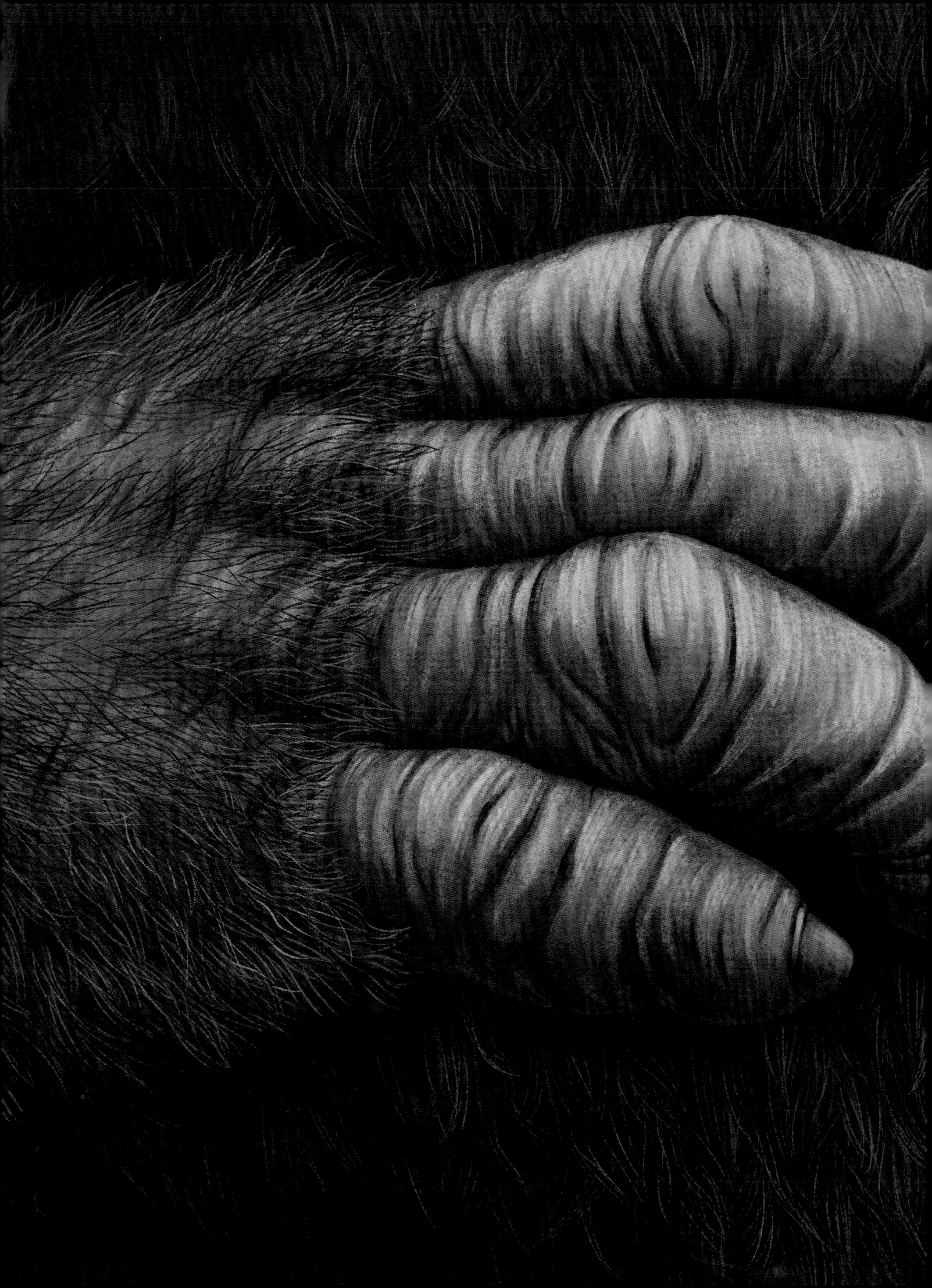

耳朵大大的聊狐

撒哈拉沙漠是世界上最极端的生境之一。白天酷热难当，水源稀少，食物匮乏，很少有动物会选择在如此炎热的沙漠里安家。然而，像聊狐这样的动物是个例外，它们努力生存于此，并采用一些聪明的策略来帮助它们应对恶劣的环境。

聊狐

聊狐看起来好像戴了一对本来应该属于大型动物的耳朵。它们的耳朵有 15 厘米长，就与体形的比例而言，是所有食肉动物中最大的。

聊狐不仅是世界上最小的狐狸，也是犬科动物中最小的成员。聊狐的体重只有 1 千克，80 只聊狐的体重才能赶上一只灰狼，后者是最大的犬科动物。最小的聊狐身长为 24 厘米，尾长为 18 厘米，肩高只有 19 厘米。

沙漠幸存者

大耳朵可以帮助聊狐散热，温暖的血液涌向充满血管的耳朵，热量通过耳朵的薄皮逸出。为了躲避高温，聊狐大部分时间都会躲在地下洞穴里。厚厚的皮毛可以帮助它们在寒冷的夜晚保暖，也可以保护它们的皮肤免受强烈阳光的伤害。它们的爪子上覆盖着蓬松的毛发，这样就不会被灼热的沙子烫伤。

聊狐宝宝出生时什么也看不到，身上是纯白色的，体重只有大约 50 克。

超级感官

巨大的耳朵便于倾听。聊狐有十分敏锐的听力，可以听到甲虫和白蚁在其脚下的沙子里挖洞时发出的微弱声响。

多彩多姿的硅藻

硅藻是一种微小的植物，它们生活在水中，形状和大小各异。最小的硅藻直径只有 2 微米。没有人知道究竟有多少种硅藻，科学家估计可能有 200 万种左右。大多数硅藻都太小了，肉眼根本就看不到。我们放大了一些种类的硅藻，这样你就可以看到它们多姿多彩的模样。

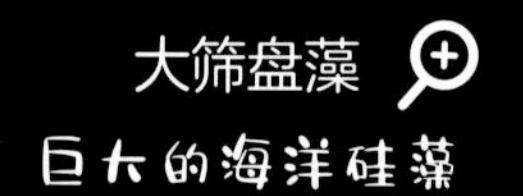

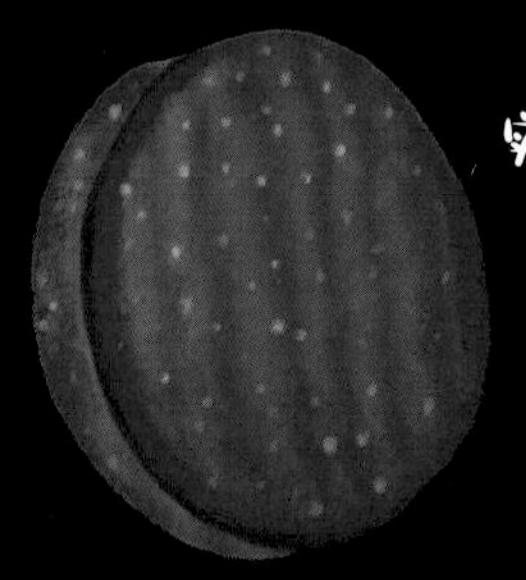

圆筛藻
最大的硅藻之一

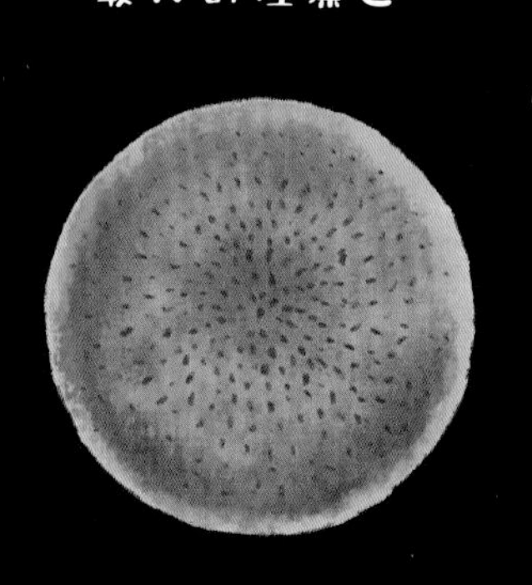

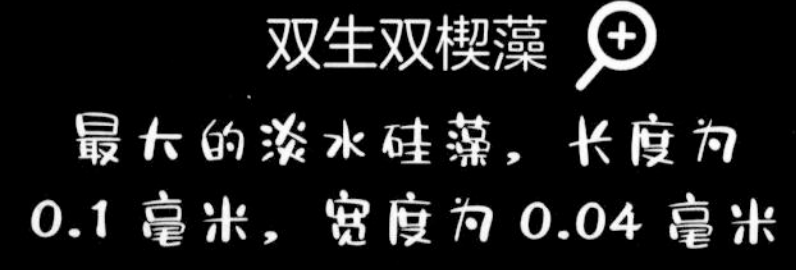

重要的微小生物

硅藻可能很小，但是很重要。它们是海洋浮游生物的一部分，也可以生活在淡水中，是一些动物的重要食物来源。硅藻利用阳光制造养分，同时释放氧气——我们生存所需的气体。它们还能吸收空气中的二氧化碳，正是这种气体导致了气候变化问题，所以硅藻是对抗全球变暖的迷你超级英雄。

多彩“宝石”

硅藻是单细胞生物，但它们有时会成群生活在一起，这被称为群落。它们的细胞壁是由二氧化硅构成的，这种矿物常用来制造玻璃。当阳光穿过二氧化硅时，会分解成不同的颜色，把硅藻变成海洋中的多彩“宝石”。

世界上最大的蜥蜴

很久以前，探险家在地图上的一些偏远地区写下了“这里有龙”的警告。也许这些早期的旅行者已经到达了东南亚的科莫多岛，那里有世界上最大的蜥蜴在游荡。虽然这些蜥蜴不会像西方神话传说中的龙那样喷火，但是它们仍然被不少人称作龙——科莫多龙。就像神话中的龙一样，它们体形庞大，无所畏惧，非常致命。那些小蜥蜴就不那么可怕了，比如纳米变色龙，它只比葵花籽大一点，以微小的螨虫和无翅的跳虫为食。

科莫多巨蜥

科学家通常将科莫多龙称为科莫多巨蜥。其雄性体形壮硕，体长可达 3 米，体重达 100 千克。其雌性体形较小，体长很少超过 2.4 米，体重只有 40 千克。它们都有强劲的短腿和粗大的尾巴。

用舌头闻气味

和其他蜥蜴一样，科莫多巨蜥用舌头来闻气味。它们的舌头是分叉的，腐肉的恶臭是它们最喜欢的气味。它们不仅捕食活着的动物，还会食用腐肉。

伏击猎物

科莫多巨蜥力量很大，可以捕猎鹿、猪和山羊，有时也会攻击人类。饥饿的科莫多巨蜥会潜伏起来，等待猎物走近，然后悄无声息地迅速出击。在咬到猎物之后，它唾液中的毒素会渗入猎物的伤口，最终将猎物毒死。

成年科莫多巨蜥胃口很大，一次就能吃掉相当于自身体重80%的食物。

一身盔甲

爬行动物的皮肤上覆盖着由角蛋白组成的鳞片，角蛋白是一种坚韧的物质，指甲、羽毛和蹄子中也有这种物质。然而，科莫多巨蜥还有一个额外的保护层——位于鳞片下面的一层小骨板，这被称为皮内成骨。除了同类，科莫多巨蜥几乎没有天敌。在交配季节，雄性巨蜥会展开鏖战，而皮内成骨像锁子甲一样紧密地拼合在一起，几乎无法穿透，保护它们免受伤害。

人与科莫多巨蜥的身体尺寸对比

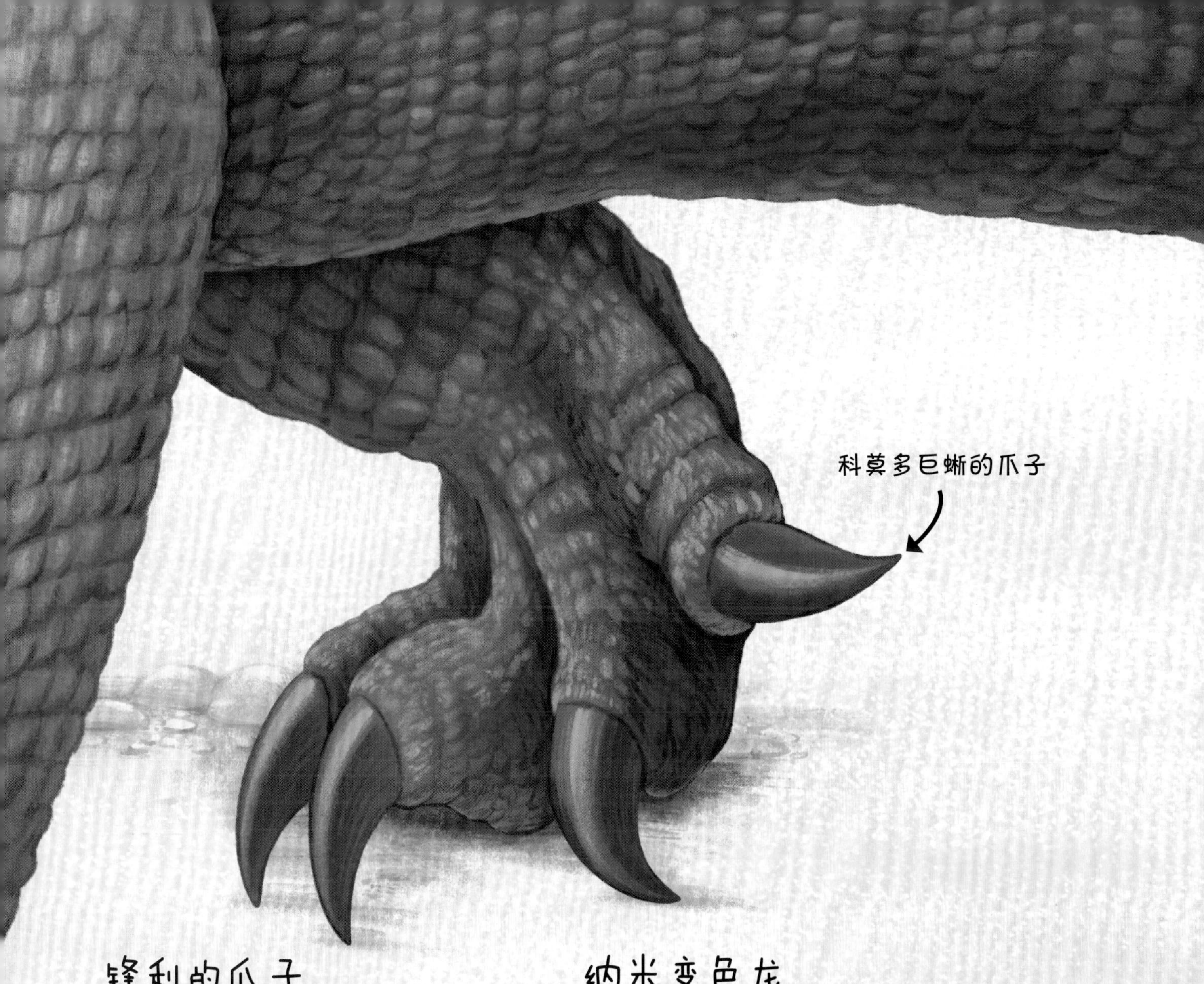

锋利的爪子

科莫多巨蜥通常用长达 2 厘米的锯状牙齿发动攻击，有时也会用带爪的脚发动攻击。它们的每只脚都有 5 个脚趾，每个脚趾上都有一个长长的弯爪。这些爪子十分强壮且锋利，可用于挖洞产卵，也可用于挖掘栖息的洞穴。在特别炎热的日子里，科莫多巨蜥喜欢躲在洞穴里。

纳米变色龙

小蜥蜴很难被发现，而且它们跑得很快，很难被抓住。把尾巴算在内，侏儒壁虎只有 32 毫米长。与其相比，侏儒变色龙也没有大多少，只有大约 35 毫米长。2021 年，另外一种小蜥蜴被发现了。这种小蜥蜴名为纳米变色龙，它的总长约为 35 毫米，但是它的身体比侏儒壁虎和侏儒变色龙都要瘦一些，这使它成为目前世界上最小的蜥蜴。

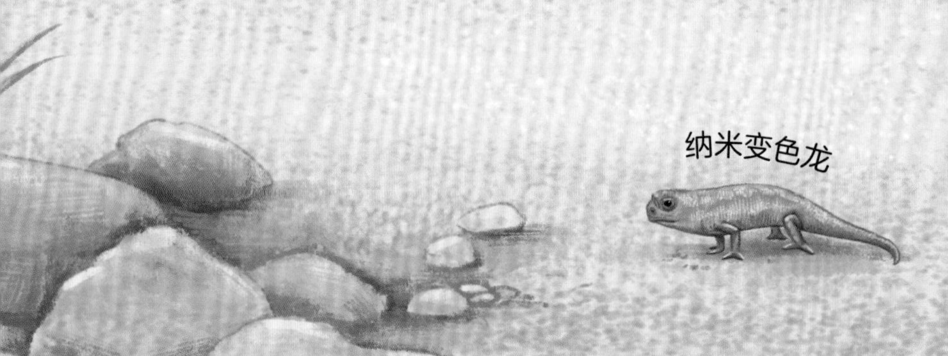
纳米变色龙

海洋中的微小生物

从太空看，海洋把地球变成了一个生机勃勃的蓝色星球。海洋是海水和数十亿个微小生物的奇妙组合，这些微小生物或者漂浮在海面上，或者游弋在海水中，或者潜入漆黑的深海。有的小生物只能随波逐流，有的则可以自己选择前进的方向。

光明与黑暗

海洋覆盖了大约 71% 的地球表面。在海面附近的浅海中，阳光提供能量，让植物通过光合作用生长，并成为动物的食物。从 200 米深处开始，光线逐渐变弱，直至漆黑一片。无论是阳光普照还是漆黑一片，海洋都是数量众多、种类繁多的小生物的家园。

箱水母

箱水母，又名立方水母，只有 1～2 厘米宽，可能是世界上最小的水母。世界上大约有 25 种有毒的箱水母。它们的触手和透明的钟形身体上都有毒刺，可释放出大量毒素。当海浪把箱水母冲到岸边时，人们可能会被它们蜇到，其毒素会令人疼痛难忍。

箱水母

侏儒章鱼

所有章鱼都有 8 条腕足，每条腕足上都覆盖着大量肉质吸盘。最大的章鱼是北太平洋巨型章鱼，其腕足展开后直径可达 9 米。最小的章鱼是侏儒章鱼，其腕足展开后直径只有 5 厘米，其体长为 1～2 厘米。

侏儒章鱼

豆丁海马

豆丁海马生活在色彩斑斓的珊瑚上。它们个头很小，体长约为 2.4 厘米。它们擅长伪装，体表覆盖着与珊瑚表面相匹配的凸起，体色也与珊瑚相匹配，通常是紫色和粉红色或黄色和橙色。与其他海马一样，雄性豆丁海马负责养育后代，它们会让雌性的卵在自己的育儿袋里孵化。当幼崽可以独立生存时，雄性海马就会把幼崽以喷射的方式“生”出来，新生的豆丁海马只有 2 毫米长。

豆丁海马

刺鳍虾虎鱼

刺鳍虾虎鱼生活在珊瑚周围，只有 2～3 厘米长，是世界上最小的鱼类之一。它们生活在澳大利亚和东南亚的温暖海域中。刺鳍虾虎鱼的鱼鳍上有长长的棘刺，可以用来保护自己免受大鱼的攻击。

微鳍乌贼

微鳍乌贼只有 1.6 厘米长，大约相当于人类拇指的指甲那么大，所以我们很难在海里看到它们。虽然微鳍乌贼很小，但是它们有厉害的腕足，还能分泌毒液，可以攻击比自己大一倍的鱼虾。

侏儒灯笼鲨

侏儒灯笼鲨是世界上最小的鲨鱼，出生时只有大约 10 厘米长，成年后体长也只有 20 厘米左右。灯笼鲨的身体上布满了发光细胞，这些发光细胞名为发光器，可以帮助侏儒灯笼鲨在黑暗的海水中捕猎。

盘旋的蜂鸟

有一些鸟儿会在花朵上盘旋觅食，此时它们的翅膀会发出酷似蜜蜂的嗡嗡声，因此它们被人们亲切地称为蜂鸟。蜂鸟的羽毛很漂亮，如同彩虹一样五彩斑斓。蜂鸟是世界上最小的鸟类之一，其中最小的是吸蜜蜂鸟，体重不到 2 克；即使是最大的蜂鸟——巨蜂鸟，其体重也只有 20 克。

雄性吸蜜蜂鸟

吸蜜蜂鸟

吸蜜蜂鸟的一半体长被喙和尾巴占去了，所以它的实际体形并不大。其雌性体长约为 6 厘米，雄性还要小一点，长约 5.5 厘米。和其他蜂鸟一样，为了给高强度的飞行提供能量，吸蜜蜂鸟不得不花很多时间寻找食物，每天要采 1 500 朵花。

迷你鸟巢

作为世界上最小的鸟，吸蜜蜂鸟建造的巢也是最小的，宽度只有 2.5 厘米。这些鸟巢通常是杯状的，主要原材料是苔藓和树皮，用从蜘蛛那里取来的丝线连接在一起。雌性吸蜜蜂鸟每次产一两个卵。十分迷你的雏鸟在刚刚孵化出来时光秃秃的，眼睛也睁不开，但是它们很快就能长大，不到一个月就能离开鸟巢了。

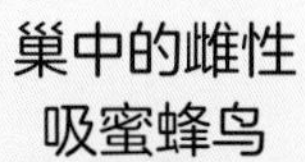
巢中的雌性
吸蜜蜂鸟

剑嘴蜂鸟

剑嘴蜂鸟是体形较大的一种蜂鸟，它的喙相对于其体形来说是所有鸟类中最长的。剑嘴蜂鸟的体长为 17 ～ 23 厘米，喙却长达 10 厘米左右，甚至比身体其余部分（不包括尾巴）还要长。它用长长的喙和舌头深入管状花朵中吸食花蜜，或从蜘蛛网中攫取死去的虫子。

迷你鸟蛋

虽然名为小吸蜜蜂鸟，其实它比吸蜜蜂鸟还要大一点点。不过，小吸蜜蜂鸟的蛋是世界上最小的鸟蛋，只有鹰嘴豆那么大，直径还不到 1 厘米，质量只有 0.4 克。专家认为，可能还有更小的鸟蛋等着我们去发现，因为有些蜂鸟的鸟蛋和鸟巢实在太小了，而且隐藏得很好，根本没有人看到过。

振翅飞翔的蝙蝠

东南亚的森林里既有世界上最大的蝙蝠，也有世界上最小的蝙蝠。这些奇特的生物有着毛茸茸的身体和坚韧的翅膀，用脚倒挂着睡觉。虽然一些哺乳动物可以在树间滑翔，但蝙蝠才是唯一真正会飞的哺乳动物。

大黄蜂蝙蝠

大黄蜂蝙蝠是世界上最小的蝙蝠，也是世界上最小的哺乳动物，其体重只有 2 克左右，翼展约为 15 厘米，而头部和躯干的长度加起来只有 3 厘米左右。大黄蜂蝙蝠生活在东南亚的洞穴里，它们在黑暗的环境中捕食昆虫，所以需要利用听觉来寻找猎物，这就是为什么它们会有一对大耳朵。它们的耳朵长度相当于其体长的三分之一。

大黄蜂蝙蝠

蝙蝠的翅膀是由坚韧的皮膜构成的，支撑翅膀的框架主要是由极长的前臂和指骨组成的。

狐蝠

狐蝠之所以会有这个名字，是因为它们的头部看起来像狐狸，眼睛又大又圆，耳朵又大又尖，鼻子又细又长。狐蝠是世界上最大的一类蝙蝠。狐蝠中最大的一种是印度狐蝠，其体长超过 23 厘米；其翼展超过 1.7 米，是大黄蜂蝙蝠的十多倍；其体重可达 1.6 千克，与 800 只大黄蜂蝙蝠的体重相当。

白天与黑夜

大多数小蝙蝠在夜间捕食昆虫，而体形很大的狐蝠主要以水果为食，它们在白天和黑夜都很活跃。狐蝠倒挂在树上休息，此时会用黑色的翅膀包裹住身体；它们有时会突然起飞，扇动着巨大的翅膀，一边翱翔，一边寻找可口的食物。

寒冷中的捕猎者

东北虎是一种可怕的掠食者，在北方寒冷的密林里徘徊。作为猫科动物家族中体形最大的成员，雄性东北虎从头到尾的长度可达 3.3 米，体重甚至可能超过 350 千克。这些长满条纹的猎杀者也被称为西伯利亚虎，生活在中国的东北地区和俄罗斯。

东北虎

致命的掠食者

东北虎全身肌肉发达，皮毛厚实，能有效地抵御寒冷。它们行动优雅而隐蔽，但也具有致命的速度和力量，可以从藏身之处猛冲出来袭击猎物，可以在很短的时间内将追逐速度提升到 20 米 / 秒。它们可以猎杀和拖拽比自己大得多的动物，甚至那些体重是其 4 倍的牛或熊。如果有一头东北虎正好饥肠辘辘，它一晚上就可以吃掉大约 27 千克食物。

东北虎的脖子上有厚厚的鬃毛，爪子上有密密的绒毛，这些都有助于它在冬季气温降至 -40℃时御寒。

东北虎非常罕见。巨大的爪印或响亮的啸声，往往是附近有老虎潜伏（观察和等待猎物）的唯一线索。

尖牙利爪

东北虎有两套武器：一套是匕首状的牙齿，其长度可达 4 厘米；另外一套是锋利的爪子。雄性东北虎的爪垫有 14.5 厘米宽，一岁大的雄性幼崽的爪子已经比虎妈妈的大了。随着夜幕降临，东北虎开始活跃起来，准备捕猎。它们的爪子像剃刀一样锋利，可以有效地将猎物扑倒在地，再对准猎物的脖子狠咬一口，迅速地结束猎物的生命。

大型猫科动物

当今世界上有 38 种野生猫科动物，但其中只有 4 种是会咆哮的大型猫科动物，即老虎、狮子、豹子和美洲豹。像美洲狮、猎豹和猞猁这样的中小型猫科动物不会咆哮，但它们会像宠物猫一样发出呜呜的声音。

东北虎的爪子

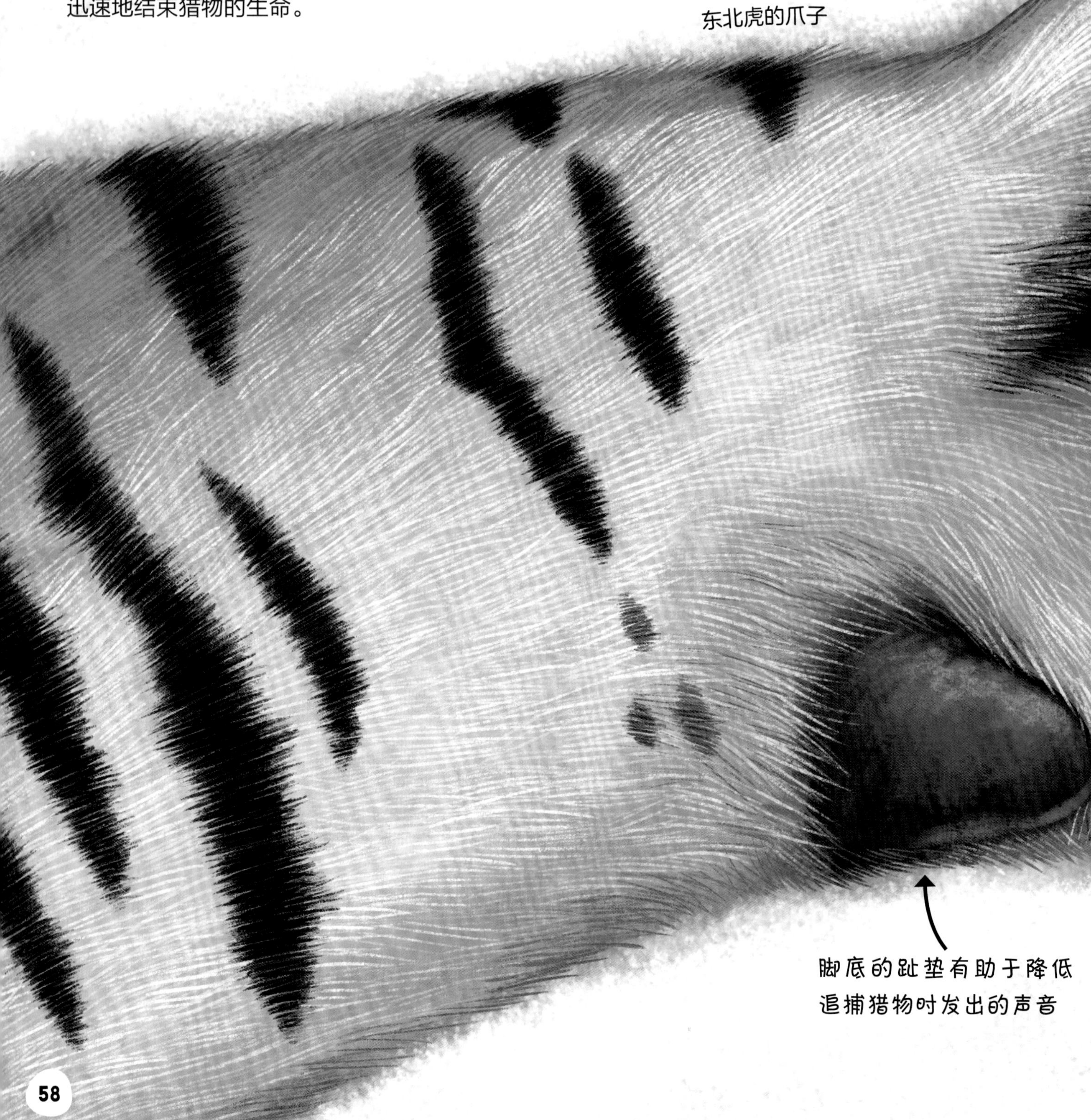

濒临灭绝的老虎

现存的老虎有 5 个亚种，它们都濒临灭绝。老虎的生存受到栖息地丧失和人类捕杀的威胁。据估计，野生东北虎只剩下不到 500 只，甚至可能只有 270 只。

人类与东北虎的身高对比

十分微小的卵

菜粉蝶的卵：
实物大小，1～2毫米

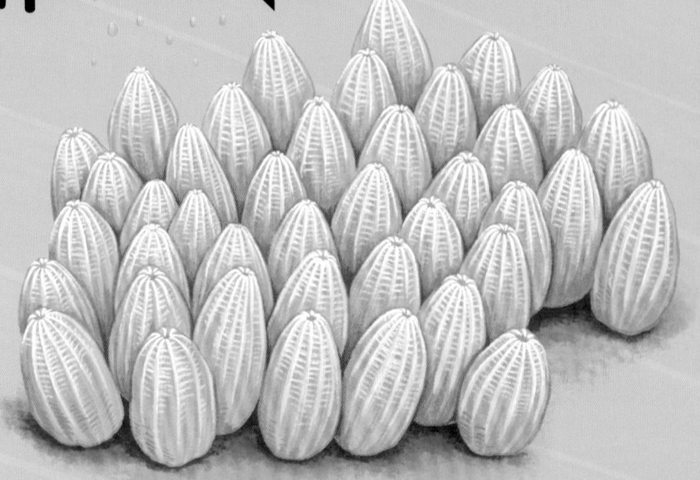

地球上超过99%的动物都是从卵中孵化出来的。这些胶囊状的卵中包含了生物开始其生命旅程所需要的所有成分。昆虫已经存在了至少3亿年，它们微小的卵已经逐渐进化到可以在各种环境中生存。这里展示的卵非常小，只有用显微镜才能看到。在放大之后，它们会呈现出各种有趣的细节和形状。

菜粉蝶的卵

菜粉蝶的卵看起来像玉米棒。和许多其他昆虫一样，菜粉蝶通常把卵产在叶片的背面，以躲避那些偷卵的捕食者。

卷心菜斑色蝽的卵

卷心菜斑色蝽的卵在刚产下来时是淡黄色的，但是很快就会变成一排排白色的圆柱体，上面装饰着漂亮的黑色粗条纹。在卵孵化完成之后，圆柱体上面的盖子会打开，若虫（不完全变态昆虫的幼虫）会从里面爬出来。

斑腹刺益蝽的卵

斑腹刺益蝽的卵通常有一层坚硬的外壳，可以有效地防止卵体变干。这些卵的表面有很多刺，可以保护卵免受捕食者的侵害。

斑腹刺益蝽的卵：
实物大小，1毫米

蓝闪蝶的卵

蓝闪蝶是世界上最大的蝴蝶之一，其雌性会产下亮绿色的卵。如果这些卵上有一条红带，表明这些卵已经受精了，它们最终将发育成漂亮的蝴蝶。

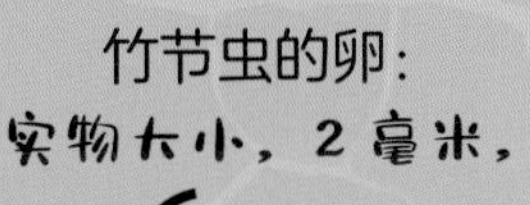
竹节虫的卵：
实物大小，2毫米，

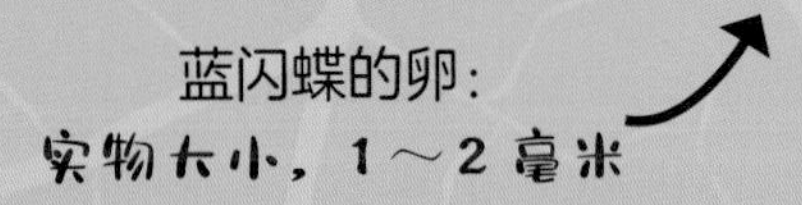
蓝闪蝶的卵：
实物大小，1～2毫米

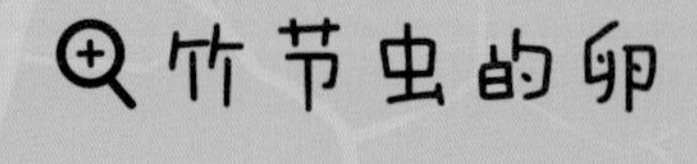
竹节虫的卵

对于一些捕食者来说，虫卵是美餐，所以有些虫卵会利用伪装来躲避敌害。比如，竹节虫产的卵上有一种有趣的标记，使其看起来像干种子，这样可以骗过那些常以虫卵为食的黄蜂。

盾椿的卵：
实物大小，1.5毫米

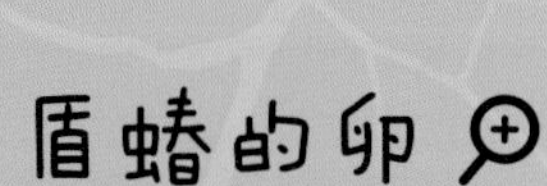
盾蝽的卵

盾蝽的卵很像一个个笑脸，那些小“嘴”实际上是卵上的小裂缝。当幼虫即将出壳时，这个小裂缝就会张开。

亭亭玉立的长颈鹿

在小长颈鹿出生时，它会从 2 米高（长颈鹿妈妈臀部距离地面的高度）的地方掉到地上，但 20 分钟后它就能够站立和行走了。这时，它就已经有 2 米高了！几年后，它将成为地球上个头最高、脖子最长的生物之一。

长长的脖子

长颈鹿是食草动物，共有 4 种：南方长颈鹿、马赛长颈鹿、网纹长颈鹿和北方长颈鹿，其中马赛长颈鹿个头最高。有一头马赛长颈鹿打破了世界纪录，身高达到 6.1 米。不过，身高 5 米左右的长颈鹿更为常见。虽然长颈鹿的脖子很长，但仍然只有 7 块颈骨，和大多数哺乳动物一样多。

长颈鹿的声带在脖子顶部，它们的肺和声带之间的距离太远，所以它们不能发出太大或太尖的声音，而是发出低低的咕噜声和长长的呼噜声。

贪吃的长颈鹿

一头新生长颈鹿的体重为 50 千克，相当于十多个人类新生儿的体重。它每天要喝 6 升奶，这有助于它快速成长。成年后，长颈鹿蹄子的直径将达到 25～30 厘米，胃口也与之相匹配。长颈鹿一天中大部分时间都在吃东西，可以利用长长的脖子去够到树顶处最美味的叶子。成年长颈鹿的腿很长，大约有 2 米。虽然长颈鹿的脖子是世界上最长的，但是如果它们不把腿岔开或弯曲膝盖，还是无法喝到地上的水。

人类和马赛长颈鹿的身高对比

不一般的啮齿动物

世界上大约有 2 370 种啮齿动物，占哺乳动物总数的 40% 以上。大多数啮齿动物是鼠类，它们个头很小，可以很轻松地趴在你的手里。一般来说，啮齿类动物有毛茸茸的小身体和 4 条腿，有胡须和长长的尾巴，还有专门用来咬东西的超长门牙。

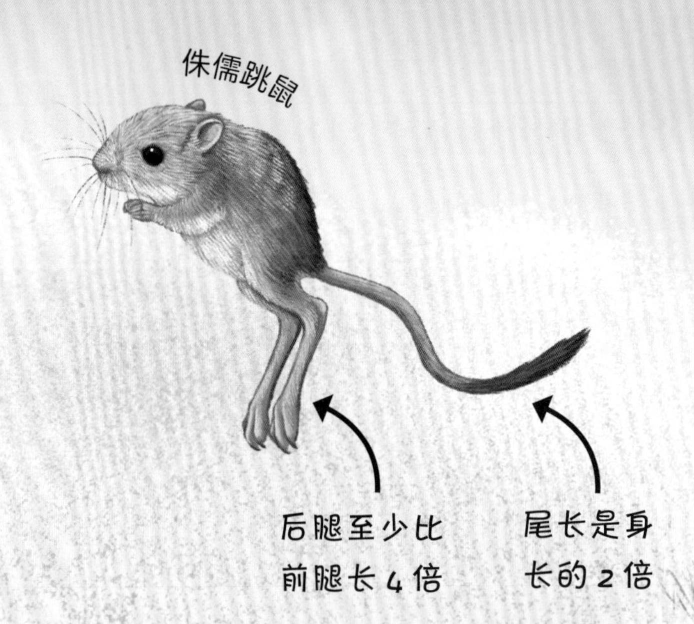

侏儒跳鼠

最小的啮齿动物是生活在巴基斯坦的侏儒跳鼠。它的身长只有 4 厘米，脚长却有 2 厘米。对于这么小的动物来说，这样的脚是十分巨大的。如果按照同样的比例，人类的脚长会有 90 厘米。

侏儒跳鼠可以利用自己的“大脚”来跳跃，一次能跳 3 米高，这是其体长的 75 倍。有些种类的跳鼠在试图逃避捕食者（如蛇）时，可以跳到 1 米高。

300 万年前，地球上出现过一些大型啮齿动物。这些巨型动物外形像老鼠，其体形和体重都与公牛相当，它们可能用巨大的牙齿与剑齿虎搏斗过。

深挖洞

跳鼠用前爪挖出又长又深的洞穴，在这里躲避严寒和酷热。每个洞穴可达 2 米深，其水平长度超过 50 厘米。

水豚

世界上现存最大的啮齿动物是水豚，其体长可达1.4米，肩高可达66厘米，体重可达66千克。虽然水豚体形巨大，门牙也令人望而生畏，但它们实际上是一种温和且害羞的动物。

水豚看起来有点像大号的豚鼠，它们的眼睛和耳朵长在头顶，对于喜欢游泳的动物来说，这样的构造是完美的。水豚用蹼足在南美洲的湿地里划水。

人类与水豚身高的比较

不断生长的门牙

啮齿动物的门牙会不停生长。水豚的门牙长度可超过4厘米，比侏儒跳鼠的身体还要长。

要欣赏水豚头部实际大小的图片，请翻到下一页。

形态各异的真菌

蘑菇、酵母菌、霉菌、锈菌等都是真菌。这些奇怪的生物经常被误认为是植物，但实际上它们与动物的关系更密切，因为它们必须像动物一样寻找并摄入食物。真菌在地球上几乎无处不在，它们遍布在空气、土壤和水中。然而，它们大多数都很小，且生活在土壤中，这使得它们难得一见。你在这里看到的一些真菌图像已经被放大了，以帮助你更好地欣赏它们明亮的颜色和迷人的形状。

菌盖

毒蝇伞

超级孢子

蘑菇是我们最常看到的真菌种类。蘑菇的顶端是菌盖，它是子实体的重要组成部分。子实体里会长出孢子，孢子是蘑菇的种子。菌盖的凹面上有许多薄如纸的褶皱，这是菌褶，孢子就长在这里。

毒蝇伞

毒蝇伞颜色鲜艳，可能是最容易识别的毒蘑菇（也称毒蕈）。它可以长到 30 厘米高，伞盖的直径可达 20 厘米。虽然毒蝇伞看起来很诱人，但它们对人类来说是有毒的。然而，像蛞蝓和红松鼠这样的生物，却可以放心享用毒蝇伞。

酵母菌

酵母菌是一种单细胞真菌，可以通过一分为二的方式繁殖后代。在制作面包等面食的时候，酵母菌可用来发面。

酵母菌：因其太小而不能呈现实物大小

毛霉菌

毛霉菌又名黑霉菌，主要生活在土壤中，但也会生长在面包等食物上。黑霉菌的孢子在成熟后会被释放出来，这些孢子体积很小，可以飘浮在空气中。

毛霉菌：因其太小而不能呈现实物大小

迷你蘑菇

坚果真菌是世界上最小的蘑菇之一，其菌盖直径为 1～4 毫米。它们生长在橡子和山毛榉坚果上，其大小与生长在腐烂木头上的双孢盘菌很相似，而后者的颜色更加鲜艳。

坚果真菌

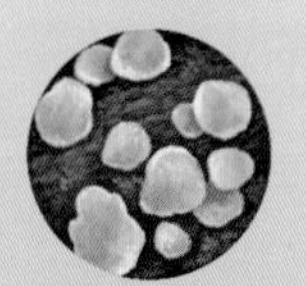

双孢盘菌

青霉菌

青霉菌是一种特别微小的霉菌，可以用来制造一种治疗细菌感染的药物，即青霉素。

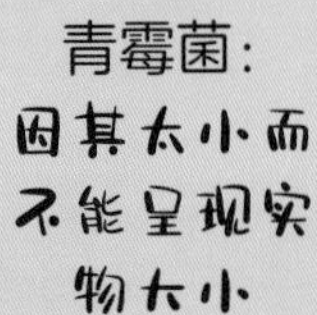

青霉菌：因其太小而不能呈现实物大小

鹿角菌

鹿角菌的“茎”可以长到 6 厘米高，所以如果你仔细观察，是可以用肉眼看到它们的。它们以死亡或腐烂的树木为食，可以分泌一些特殊的化学物质，将木材分解成营养物质，其中一些营养物质会回到土壤中，帮助其他树木生长。

鹿角菌

拥有巨嘴的鸟儿

巨嘴鸟因其巨大的嘴巴（也称喙）而得名，它们看起来仿佛会因失去平衡而摔倒在地。例如，托哥巨嘴鸟的嘴巴长16～23厘米，占了其体长的三分之一。那么，为什么这些鸟儿需要如此五彩缤纷的超大嘴巴呢？

构造

利用长长的巨嘴，巨嘴鸟可以够到树枝顶端的多汁水果，这是其他鸟类够不到的。此外，长嘴非常便于巨嘴鸟吃到树洞中的虫子。它们的嘴巴看起来似乎很笨重，其实并非如此，因为巨嘴是由泡沫状材料构成的，其中布满了气孔。厚厚的泡沫层有助于增强结构强度，使得鸟嘴不易弯曲或断裂。

散热

巨嘴鸟生活在南美洲的热带雨林里，那里的环境炎热而潮湿，但巨嘴能让它们保持凉爽。巨嘴鸟的嘴上布满了血管。如果巨嘴鸟的体温过高，血液会在鸟嘴周围流动，由于鸟嘴的表面积较大，其散热效率较高。

鸟嘴通常也称鸟喙，是由角蛋白构成的，角、羽毛、指甲和头发也是由角蛋白构成的。

特征

托哥巨嘴鸟强健的大嘴有着醒目的橙红色，仿佛在告诉其他巨嘴鸟：“我很健康，会成为一个很好的伴侣。”鲜艳的巨嘴还和眼睛周围的蓝色皮肤一起成为它们的标志性特征，有助于它们识别家庭成员。

巨嘴鸟喜欢成群结队，但是它们所生活的热带雨林中树木高大茂密，当它们找不到同伴的时候，会发出呱呱的叫声，仿佛在说：“我在这里！”它们的巨嘴比普通鸟嘴更容易发出响亮的声音，因而可以传播得更远。

闪闪发光的晶体

冰、盐和糖都是以晶体的形式存在的。晶体具有令人难以置信的规则形状，还有绚丽的色彩和迷人的光芒。雪花就是一种美丽的晶体。世界上最小晶体的尺寸还不到 1 微米，所以须要在实验室里用特殊的设备才能看到它们。

什么是晶体

地球上的一切都是由物质构成的。物质是由名为原子的微粒组成的，原子结合在一起形成分子。由结晶物质构成的固体是晶体，其内部的原子或分子按照一定的规律排列。晶体的表面被称为面，而晶体所呈现的外部形态则被称为习性。

极小的冰晶

水在变冷时会结冰，极小的冰晶是一种微晶，其中最小的冰晶只包含 275 个水分子。冰晶冻结、融化和再冻结之后，就形成了大大的雪花，大多数雪花晶体是六边形的。

雪花满天飞

当冰晶穿过云层时，它们会聚集在一起，形成较大的雪花。这些雪花被称为聚合体，它们通常看起来就像一块块冻结的水，很少符合我们想象中雪花的完美形状。

大多数雪花的直径为0.5～5毫米，一些较大的雪花直径可达5厘米。

雪花：
实物大小，5毫米

雪花：
实物大小，0.5毫米

雪花：
实物大小，5厘米

1887年，一片巨大的雪花落到了地上，其直径为38厘米，厚度为20厘米。它大概和图中这片雪花的尺寸相当

盐晶

如果你用显微镜观察食盐，会发现食盐是由许多小晶体组成的，每个晶体都是立方体的形状。食盐是一种固体矿物质，其主要化学成分是氯化钠。海水中含有氯化钠和其他盐分，所以海水是咸的，古人很早就知道可以从海水中获取食盐。如果将海洋里所有的盐都铺在陆地上，可形成厚度超过 150 米的盐层。

盐为什么是白色的

在显微镜下观察时，单个盐晶体是无色透明的。那么，为什么一堆盐会呈现出亮白色呢？这是因为当光线穿过盐晶体时，白色的光线会在所有晶体之间散射，然后再次反射到我们的眼睛里，这样一来，我们看到的盐就是白色的了。

食盐晶体：
实物大小，1 毫米

漏斗状盐晶

如果盐晶的形成过程非常缓慢，再加上一些特殊的条件，那么这些盐晶可以呈现出漂亮的漏斗状形态。每个漏斗状盐晶的边缘比中间生长得更快，这最终会使其看起来是中空的或凹陷的。这种盐比普通盐更容易溶解，这意味着它尝起来更咸。

糖晶

人们常从植物中提取糖，糖是植物光合作用的产物。当糖与水混合时，糖会溶解在水中，此时我们就看不见糖了，但糖仍然存在，并形成甜的溶液或糖浆。将糖浆进行晾晒，让水分挥发，几天后，就会出现一堆闪亮的糖晶。我们日常生活中用得比较多的是蔗糖（俗称“白糖”），它可让我们的食物变甜。

糖晶可呈现出六棱柱的形状。

糖晶体：
实物大小，1毫米

翩翩飞舞的蝴蝶

亚历山德拉鸟翼凤蝶是世界上已知最大的蝴蝶。这种凤蝶雌性比雄性大，其翼展为 28 厘米，体重为 25 克，相当于世界上最小的蝴蝶——侏儒蓝蝴蝶的 2 500 倍。这种蝴蝶很稀有，仅存于太平洋岛国巴布亚新几内亚的一小片森林里。

毛毛虫的变化

一旦毛毛虫从卵中孵化出来，它就只有一件事要做，那就是吃吃吃！当亚历山德拉鸟翼凤蝶的毛毛虫完全长大后，它的体长接近 12 厘米，体宽为 3 厘米。这些毛毛虫以植物为食，从刚孵化出来到变成蝴蝶之前，体积可能会增加 2 000 多倍，这就相当于从一个人类婴儿成长为一辆公共汽车那么大的巨人。

亚历山德拉鸟翼凤蝶的毛毛虫体表有红色的刺，仿佛在警告捕食者：“我的肉有毒！”

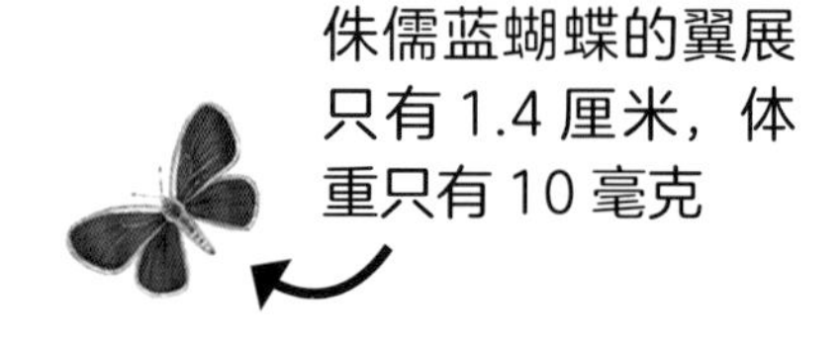

侏儒蓝蝴蝶的翼展只有 1.4 厘米，体重只有 10 毫克

颜色搭配

雌性亚历山德拉鸟翼凤蝶是棕黑色的，上面有白色的斑块，这有助于它融入森林斑驳的阴影中。在求偶时，雄蝶会扇动鲜艳的翅膀，通过特殊的求偶舞蹈来吸引雌蝶。

侏儒蓝蝴蝶的翅膀大多是暗褐色的，上面有一些伪装斑块，帮助它们躲避鸟类或蜥蜴等捕食者的攻击。

栖息地

大型蝴蝶在森林中较为常见，而较小的蝴蝶通常生活于草地和田野。亚历山德拉鸟翼凤蝶生活在热带森林中，喜欢在森林凉爽的树冠层下飞翔。侏儒蓝蝴蝶是一种非常活跃的蝴蝶，穿梭于南非和津巴布韦开阔草原上的花丛中。

可怕的蜘蛛

无论是硕大无朋，还是小巧玲珑，每一只蜘蛛身上都长满绒毛，它们动作敏捷，忙于捕食。接下来我们会认识两种蜘蛛：一种是世界上最小的蜘蛛，其名为巴图迪古阿；另一种是巨人食鸟蛛，它们是世界上最大的蜘蛛，体长可达 12 厘米，毒牙十分强大。巨人食鸟蛛分布在南美洲，生活在山区的茂密热带雨林中，藏身于洞穴里或岩石下。

巨人食鸟蛛

巨人食鸟蛛

巨人食鸟蛛体形很大，足以捕食小鸟，它们也因此而得名。然而，它们其实很少捕鸟，通常以昆虫和其他蜘蛛为食，偶尔会捕食老鼠、青蛙、蛇和蜥蜴。

把怪物当宠物

雌蜘蛛通常比雄蜘蛛大，巨人食鸟蛛也不例外。已知最大的巨人食鸟蛛是一只名叫罗西的宠物蛛。它活到了 12 岁，身长为 11.9 厘米（不算腿的长度），体重为 175 克，相当于大约 600 只园蛛的体重。

虽然这看起来像一条腿，但它实际上是一条触肢。蜘蛛用这些像触角一样的触肢来帮助它们感知遇到的物体

巴图迪古阿蜘蛛

作为世界上最小的蜘蛛，巴图迪古阿蜘蛛比一个针头还要小，其身长只有 0.15 毫米，肉眼几乎看不到。即使把腿算在内，它们的体宽也不到 0.5 毫米。它们的蛛网只有大约 1 厘米宽。

巴图迪古阿蜘蛛个头太小了，其实物大小难以显示

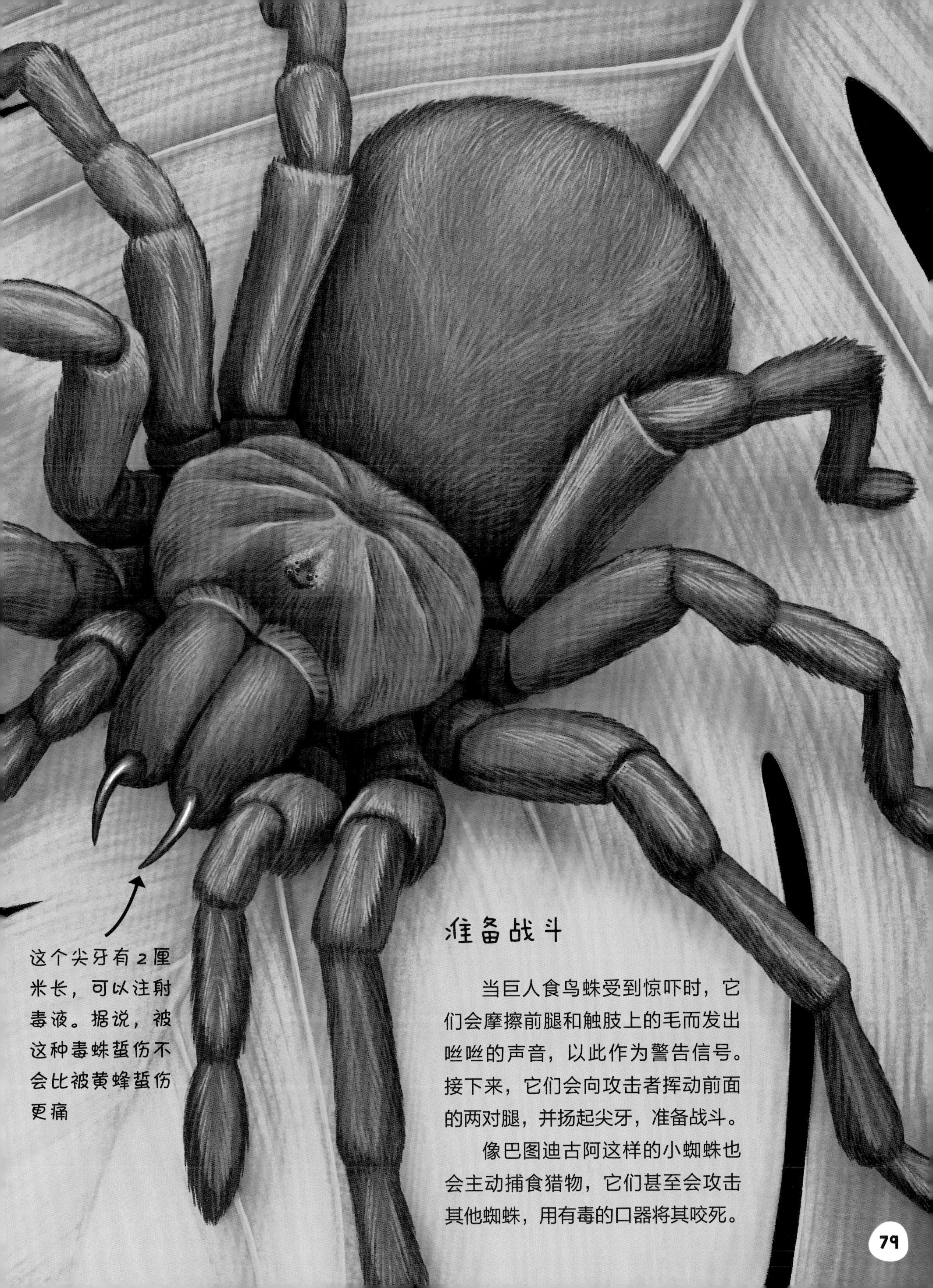

准备战斗

当巨人食鸟蛛受到惊吓时，它们会摩擦前腿和触肢上的毛而发出咝咝的声音，以此作为警告信号。接下来，它们会向攻击者挥动前面的两对腿，并扬起尖牙，准备战斗。

像巴图迪古阿这样的小蜘蛛也会主动捕食猎物，它们甚至会攻击其他蜘蛛，用有毒的口器将其咬死。

动物中的巨无霸

世界上最大的陆生动物是非洲象。雄性非洲象高达 4 米，体重可达 12 吨。为了承载其体重，它们拥有巨大的脚。此外，非洲象还拥有所有动物中最大的耳朵和最长的鼻子。

巨大的耳朵

大型哺乳动物很容易过热，大象利用自己的大耳朵解决了这个问题。当大象在微风中摆动耳朵时，血液会涌入又宽又平的外耳，使血液温度降低 19℃。块头大意味着需要摄入大量的食物，大象一天最多会花 18 小时进食，可以摄入 200 千克食物和 200 升水。

灵活的鼻子

象鼻有 2 米长，末端有敏感的指状突起。象鼻由大约 15 万块微型肌肉组成，这些肌肉使得象鼻十分灵活，能够推、拉、抓、拿，也能轻轻地触摸。象鼻一次可以吸入 9 升水，大象要么将这些水倒进嘴里，要么喷得到处都是。

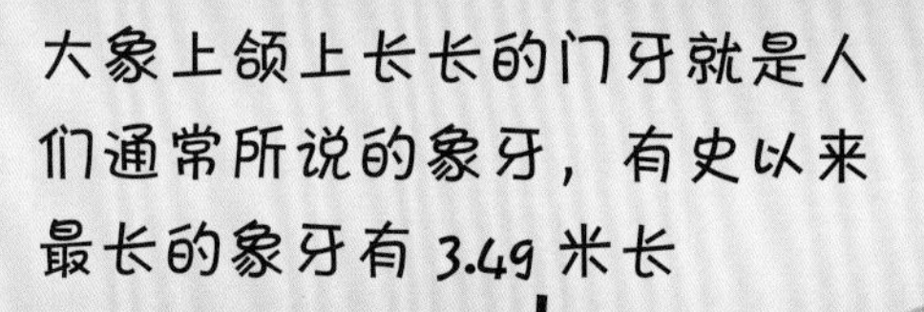

人类与非洲象的体形对比

非洲象金宝

非洲象金宝出生于 1860 年，后来有人捕获了它，将其卖给了一个巡回马戏团。它的身高约为 4 米，它的巨大体形让欧美国家那些见过它的人惊叹不已。它的英文名字（jumbo）很快就被用来形容特别大的东西，现在的英语里仍然有“jumbo”这个词。

大脚

大象的脚宽可达 50 厘米，要想测量象脚的周长，你需要一根长度超过 1.6 米的皮尺。在大象走路时，它的脚掌会展开，以分散体重产生的压力，脚底的脂肪垫有助于缓和冲击。

大象的脚不仅用来走路，还可以用来倾听。它们通过在地面上发出低沉的隆隆声来进行远距离交流。远处的大象可以通过它们的脚“听到”这种声音。

翻到下一页，查看象脚的真实尺寸。

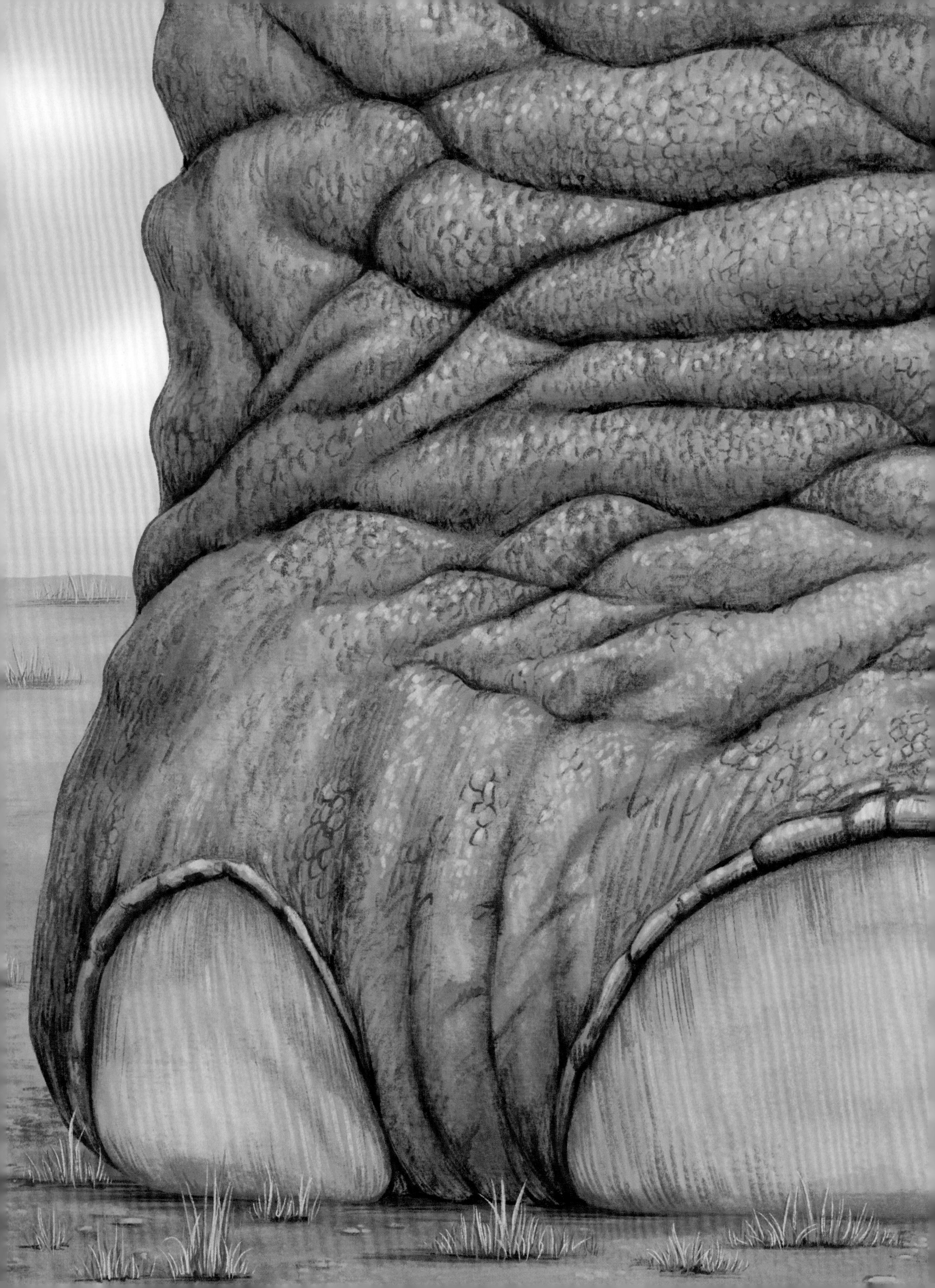

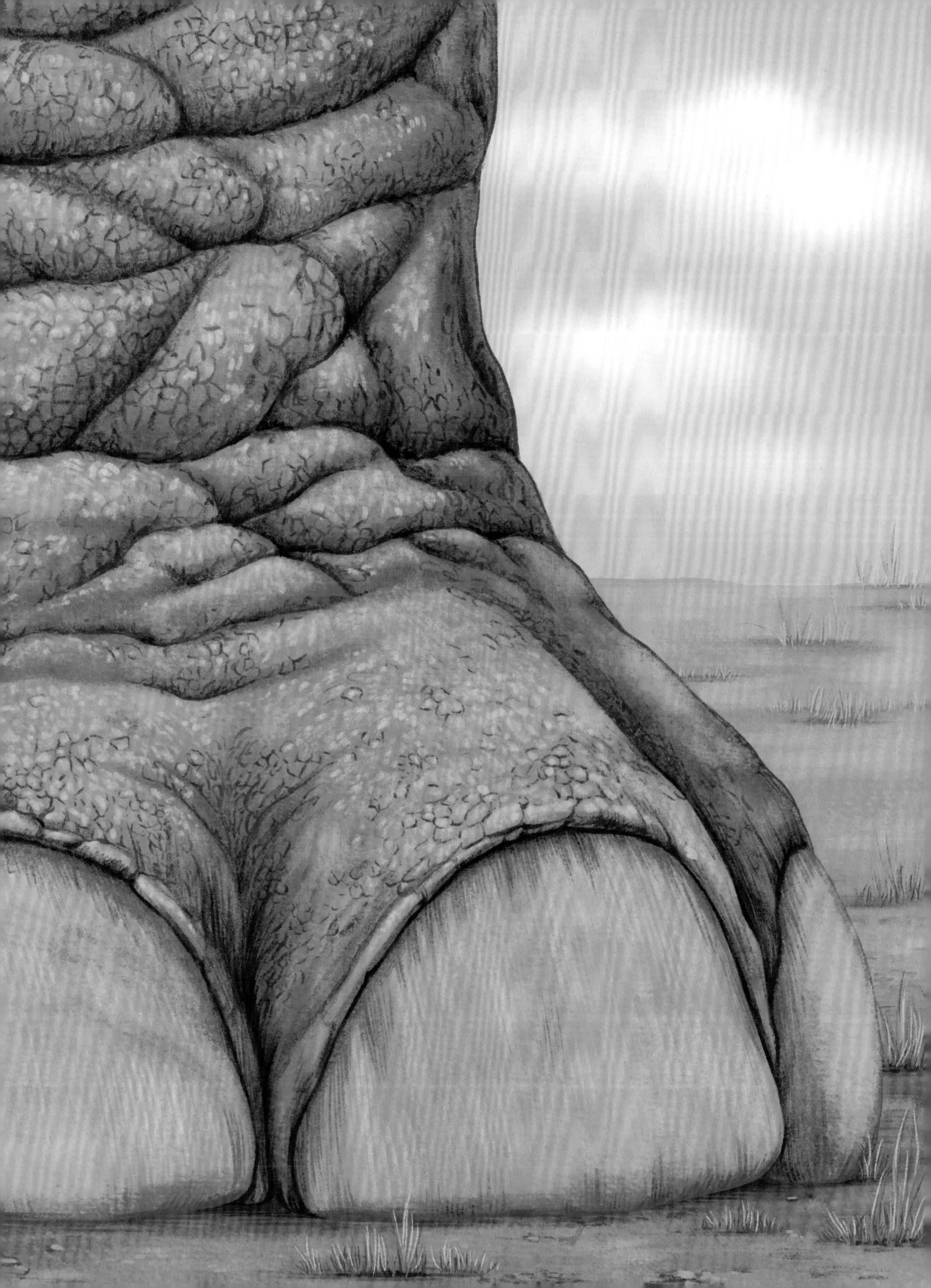

令人惊叹的甲虫

甲虫是一类令人惊叹的昆虫，既可以大得惊人，也可以小得离谱。世界上至少有 36 万种甲虫，这使得它们成为最大的昆虫群体。它们成功的秘诀在于能够采用基本的甲壳状身体结构，并使其几乎能适应任何生活方式。

基本特征

像其他昆虫一样，甲虫有 6 条腿，身体分为 3 个部分：头部、胸部和腹部。它们有两对翅膀，其中一对翅膀用于飞行，另外一对翅膀质地坚硬，覆盖在飞翅上面，可以像罩子一样保护飞翅和虫身。甲虫会产卵，这些卵会孵化成幼虫，幼虫看起来与成虫非常不同。

长戟大兜虫

长戟大兜虫的幼虫

长戟大兜虫是角最长的甲虫，雄虫利用长角来争夺配偶。它们的角实际上是外骨骼的一部分。这种甲虫体长可达 17 厘米，体重可达 50 克。它们的幼虫也不容小觑，这种柔软的乳白色幼虫体重可达 150 克。

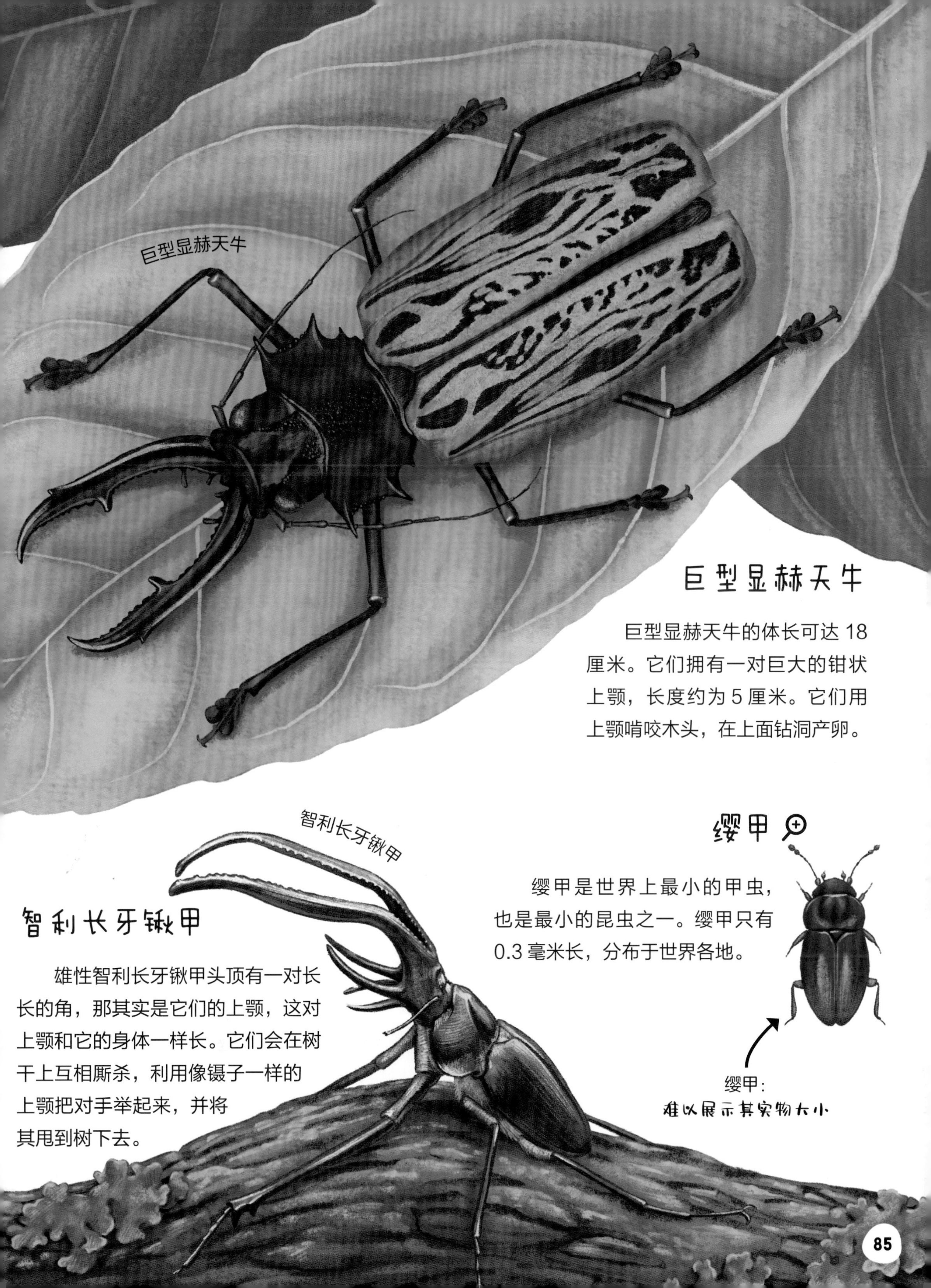

巨型显赫天牛

巨型显赫天牛的体长可达 18 厘米。它们拥有一对巨大的钳状上颚，长度约为 5 厘米。它们用上颚啃咬木头，在上面钻洞产卵。

缨甲

缨甲是世界上最小的甲虫，也是最小的昆虫之一。缨甲只有 0.3 毫米长，分布于世界各地。

智利长牙锹甲

雄性智利长牙锹甲头顶有一对长长的角，那其实是它们的上颚，这对上颚和它的身体一样长。它们会在树干上互相厮杀，利用像镊子一样的上颚把对手举起来，并将其甩到树下去。

沉默的捕猎者

非洲的热带森林里，生活着世界上最大的毒蛇——加蓬咝蝰，其体长达 2 米，体重达 10 千克。它们隐藏在树荫下的褐色落叶中，是一种沉默的捕猎者。它们拥有蛇类中最长的尖牙和致命的毒液，可以快速毒杀猎物。

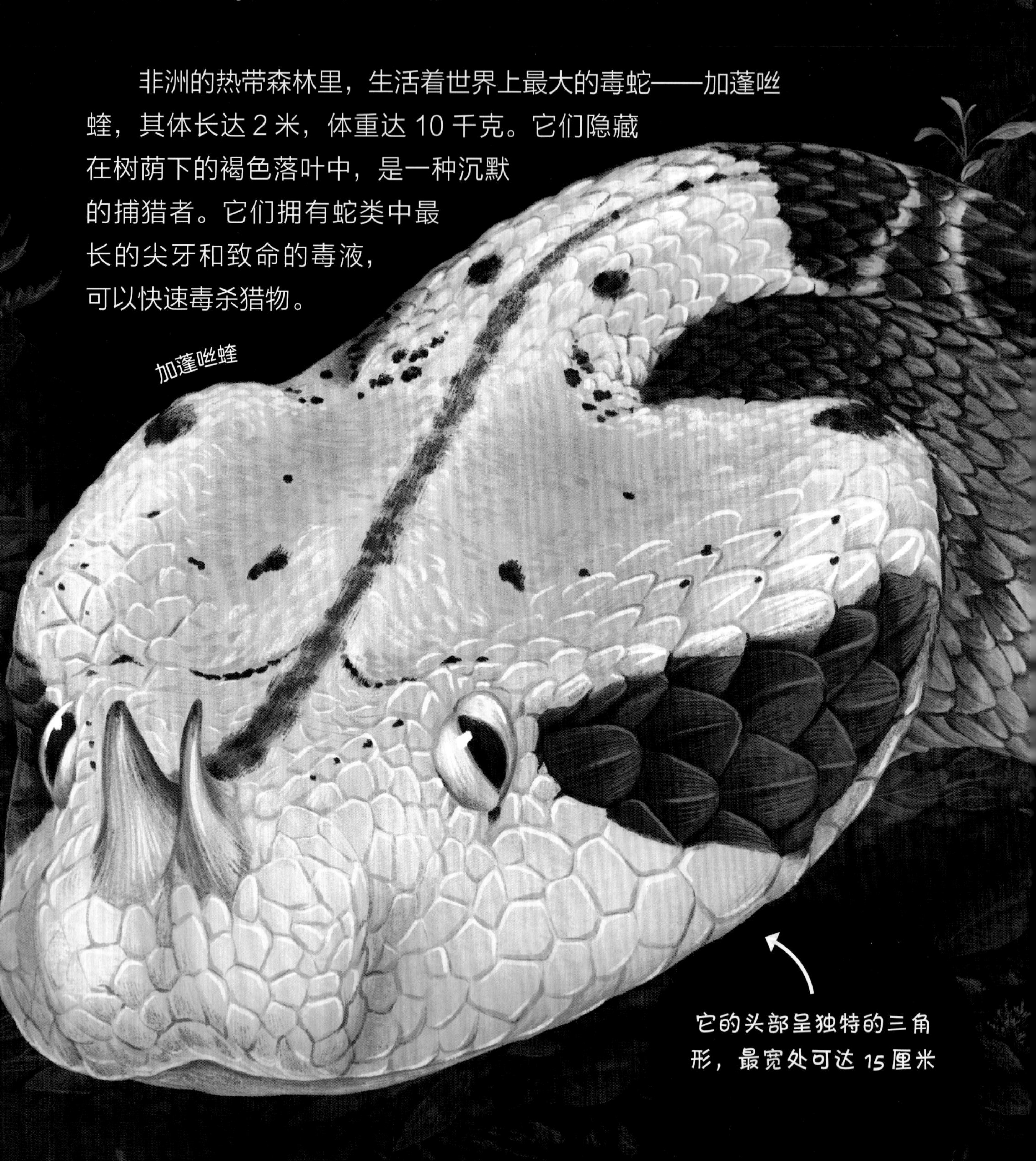

捕猎者本能

加蓬咝蝰是伏击型捕猎者，这意味着它会埋伏在某处，等待美味的出现。当它发现猎物时，会将其毒牙向前翻转，同时尽可能张大嘴巴，令上下颌几乎成 180 度，让毒牙处于合适的位置；然后，它会将毒牙刺入猎物体内，并将毒液注入猎物的组织深处。对于较大的猎物，加蓬咝蝰通常会用毒牙多刺几次，然后将猎物放走，等待毒液发挥致命作用，这样可以避免自己在攻击时受伤。对于较小的猎物，它会咬住不放，直到猎物死去。

美丽的捕猎者

加蓬咝蝰是最美的蛇之一，它们的鳞状皮肤上有令人惊叹的棕色图案。这些颜色和图案有助于它们伪装自己，使其完美地和森林的地面融为一体。加蓬咝蝰通常捕食小型哺乳动物和鸟类，体形较大的加蓬咝蝰可以捕食小羚羊，甚至能捕食身上长满尖刺的豪猪。